처음
　부모

처음
부모

카트린 게겐 지음
이주영 옮김

창비

처음 부모가 된 당신에게

요즘 같은 시대에 부모가 되신 여러분은 복 받으신 겁니다. 물론 현대 사회에서 부모로서 마주해야 할 현실은 결코 만만치 않습니다. 우리가 사는 세상도 순수한 동화의 나라가 아닙니다. 하지만 과학 덕분에 인류가 생겨난 이후 처음으로 유아, 아동, 청소년 자녀들을 어떻게 키워야 하는지에 대해서 이전보다 잘 알게 되었습니다.

20세기만 해도 저처럼 평생을 부모와 자녀의 관계에 대해 연구하던 전문가들조차 막상 교육 문제에 대해서는 모르는 것투성이였습니다. 부모들이 조언 좀 해 달라고 하면 저는 이렇게 대답하곤 했습니다. "제 생각은……."

당시에 제가 얼마나 엉뚱한 대답을 많이 했는지 이제야 알았습니다. 그때만 해도 아이의 두뇌 발달에 관한 현대 과학의 지식이 부족했으니까요.

그렇다고 죄책감을 가질 필요는 없습니다. 모르는 것이 죄는 아니니까요. 다행히 요즘은 전 세계에서 진지하고 정확한 과학 연구가 이루어지면서 많은 것이 밝혀졌고, 이를 활용해 아이를 잘 이해하고 부모를 제대로 도울 수 있게 되었습니다. 부모가 되는 일이 얼마나 복잡한지 잘 알고 있습니다!

차례

행복한 순간,

때로는 아주 곤란한 순간

그 어느 누구도 우리에게 부모가 되는 법을 가르쳐 준 적이 없습니다. 사실, 부모가 되는 일이야말로 세상에서 가장 복잡한 일에 속하는데 말이죠. 부모가 된 여러분은 때로는 신비로운 순간을 경험합니다. 따뜻하고 흥분되며 가슴 떨리고 감동적인 사랑을 한가득 느끼는, 그야말로 행복한 순간을 경험합니다. 그러면서도 때로는 부모가 되는 일이 너무나 버겁다고 느끼기도 할 겁니다. 갓난아이부터 일곱 살 된 아이까지, 그러니까 어린아이들은 긴 시간 동안 애정과 관심을 쏟아야 하는 대상이기 때문입니다. 부모가 되면 피곤하고 무기력하며 정신없는 각종 상황과 마주합니다. 아이가 엉엉 우는데 무엇을 해야할지 모를 수도 있고 몇 날 며칠 밤에 잠을 제대로 못 잘수도 있습니다. 아이가 바닥을 뒹굴며 떼를 쓰기도 하고 장난감을 집어 던지거나 소리를 지르기도 하고 몹시 불안해하며 마구 때리거나 물어뜯을 수도 있습니다. 이런 순간이 오면 여러분은 인내심에 한계를 느끼며 불안하고 신경질이 나고 낙담합니다. 그다음에는 여러분 혼자만의 시간, 여러분을 되찾을 시간이 있었으면 좋겠다는 생각에 아이가 '지겹다'고 느낄 수도 있습니다.

그 누구도 부모가 되려면 어떻게 해야 하는지 알려 준 적이 없으니 이런 감정이 생기는 것은 당연합니다. SNS에서 해 주는 조언도 하나같이 제각각입니다. 아이가 울면 그냥 내버려 두어야 하나요? 아이를 안아 줄까요? 아기에게 정해진 시간에 우유나 젖을 먹일까요? 부모님, 친구, 의사, 책들이 해 주는 대답은 전부 다릅니다.

그런데 그거 아세요? 아이는 대여섯 살까지는 감정과 충동을 다스릴 줄 모릅니다. 그런데 화가 난 부모는 아이에게 달려가 소리를 지릅니다. "너 짜증 난다!", "그만해!", "너 혼난다!" 가끔 여러분은 아이를 벌주거나 밀어 버리고, 귀를 잡아당기거나 뺨을 때릴 것입니다. 그렇게 하는 것이 맞다고, 아이는 이런 식으로 가르쳐야 한다고 생각해서죠.

그런데 2019년 7월 10일부터 프랑스 법은 아무리 부모라도 아이에게 신체적, 정신적으로 폭력을 휘두르는 것을 금지하고 있습니다. 그렇다면 어떻게 해야 할까요?

죄책감부터 버리세요!

전 세계 부모들도 대부분 여러분과 다르지 않습니다. 다른 부모들도 어떻게 아이를 가르쳐야 할지 몰라 헤맵니다. 사실, 교육이 아이의 두뇌에 미치는 영향을 밝힌 연구는 아주 최근에야 나왔거든요. 21세기부터 나오기 시작했습니다.

아기의 두뇌가 극도로 미성숙하고 약하고 단단하지 않다는 사실은 요즘에서야 알려졌습니다. 아이는 태어날 때 매우 불안정한 상태라 감싸 주어야 합니다. 부모가 아이를 안심시켜 줄 때마다 아이의 두뇌가 제대로 성숙해집니다. 부모인 여러분이 가장 참기 힘들어 하는 상황 중 하나는 아이가 빽빽거리며 울 때입니다. 이럴 때 부모는 스트레스를 받고 마음이 불안해집니다. 대체 아이가 왜 우는지 영문을 모를 때가 많죠. 그러니 부모는 무기력해지고 화가 머리끝까지 나기도 합니다. 결국 부모는 참을 수 없을 정도로 지쳐 아이의 울음을 어떻게든 그치게 하려 합니다. 특히 아이가 밤에 울면 더욱 그렇죠! 아이가 자라면 또 다른 어려움이 생기기도 합니다. 아이의 행동에 어떻게 반응해야 할지 모른다고 해서 죄책감을 가질 필요는 없습니다. 부모들 대부분이 어떻게 해야 할지 모릅니다. 그러다 보니 아이를 혼내고 벌주고 때려야 부모 역할을 제대로 한다는 생각을 하게 됩니다. 실제로 전 세계에서 수천 년 동안 이런 식으로 아이를 훈육했으니까요.

그런데 요즘 밝혀진 사실에 따르면 5~7세까지의 아이들은 대체로 같은 특징을 보입니다. 물론 아이마다 차이는 날 수 있습니다.

- 어린아이는 두뇌가 아직 너무나 미성숙해서 감정이 쉽게 오락가락하고 충동적입니다. 그래서 소리를 지르고 불안해하고 때리고 물고 장난감을 집어던지는 것입니다.

- 어린아이는 감정 기복이 심해질 때 혼자서 진정하는 법을 모릅니다.

- 따라서 어린아이에게는 따뜻하게 대해 주고 공감해 주고 달래 주는 어른이 꼭 필요합니다. 하지만 어른으로서 완전히 성질을 눌러야 하는 일이니 어렵기는 합니다!

- 공감 능력이 있는 어른이 아이를 편하게 해 주고 아이의 감정을 표현할 수 있게 해 주면 아이의 두뇌가 잘 발달합니다.

이런 사실을 알면 아이의 발달에 부모의 책임이 얼마나 큰지 깨닫고 부모인 여러분이 아이를 더욱 이해해야겠다는 생각이 듭니다.

이 책에서 저는 여러분이 부모의 역할을 잘 할 수 있도록 도우려고 합니다. 과학적인 정보를 바탕으로, 자신감과 신뢰를 갖고 아이를 키울 수 있도록 말이죠!

인내심과 믿음은 꼭 필요합니다!

인내심과 믿음을 차곡차곡 쌓는 것은 보통 힘든 일이 아닙니다. 인내심과 믿음을 쌓으려면 정말로 오랜 과정을 거쳐야 하니까요. 하지만 부모가 따뜻하게 대해 주고 공감해 주며 지지하는 태도를 보여 주면 아이의 두뇌는 성숙해져 감정과 충동을 잘 다스리게 됩니다. 그런데 이렇게 되려면 대여섯 살까지는 기다려 주어야 합니다! 물론 이때도 아이의 두뇌가 성장을 시작하는 것에 불과합니다. 두뇌가 완전히 성숙해지려면 25세 정도가 되어야 하거든요! 그러니 부모는 인내심으로 무장해야 합니다.

모든 부모가 실수를 합니다

제가 이런 말을 하면 놀라시겠지만, 실수하는 것은 그리 심각한 문제가 아니라고 생각합니다. 실수를 인정하는 것이 중요하죠. 사람은 누구나 실수를 합니다. 특히 교육 분야에서는 더 그럴 거예요! 어떤 부모든 수시로 인내심을 잃고 짜증을 내고 소리칠 수도 있고, 포기하고 싶다는 생각을 하고, 금세 혹은 나중에라도 후회할 말이나 행동을 하기도 합니다. 이를 인정하고 사과하면 아이에게 좋은 교육이 됩니다. 그러면 아이는 어른도 자신처럼 실수를 하고 실수에서 배우는 것이 있다는 사실을 알게 되니까요. 실수를 고쳐 더 나아지는 것이 중요합니다.

아이는 아직 무엇이 옳고 그른지 잘 모릅니다. 그러니 부모인 여러분은 아이 앞에서 체면을 잃으면 어쩌나 하고 걱정할 필요가 없습니다. 오히려 여러분이 잘못을 인정하는 모습을 보인다면 아이에게 훨씬 더 존경받을 것입니다. "미안하다. 너한테 그렇게 말하는 게 아닌데, 널 윽박지르고 벌주는 게 아닌데……. 너무 화가 나서 생각 없이 그랬어. 다시는 안 그럴게." 여러분이 이렇게 표현하면 아이도 여러분이 하는 대로 따라 할 것입니다. 즉, 자신의 약점을 숨기지 않을 것이고 실수를 해도 주저앉지 않는 아이로 자랄 것입니다.

부모를

도울 수 있는 방법

배 속에 아기가 있을 때는 여러분이 느끼는 모든 것이
아기에게 전달됩니다. 이런 생각을 하면 두렵고 죄책감
이 들 수 있습니다. 임신을 하면 행복한 미래만을 생각해
야 한다고 여기는 경우가 많으니까요.

임신 중에 불편한 감정이 들어도
있는 그대로 편하게 받아들이세요

　임신을 하면 가끔 불편한 감정이 들 때도 있습니다. 임
신이나 출산은 스트레스가 되기도 합니다. 혹시 아기가
기형아면 어쩌나 하는 생각에 두렵기도 하고 임신을 하
면 몸이 변하기 때문에 겁이 나기도 하고 엄마가 된다는
생각에 부담을 갖기도 하거든요. 이 때문에 마음이 약해

져 알 수 없는 슬픔, 분노, 혼란, 낙담이라는 불편한 감정 속으로 빠져듭니다.

이런 감정 때문에 마음이 무거울 수 있겠지만 정상이니 걱정 마세요. 더구나 이런 감정이 일상에서 매일 찾아오는 것도 아닙니다. 그러니 감정을 그대로 받아들이세요. 마치 느껴서는 안 되는 감정처럼 여기며 애써 부정하지 마세요. 배우자, 담당 의사에게 감정을 솔직하게 털어놓으세요. 스스로 비판하지 말고 죄책감도 갖지 말고 그 감정을 있는 그대로 받아들이세요. 여러분 자신을 따뜻하게 대하세요. 그러면 마음이 한결 편해질 겁니다.

하지만 여러분이 스트레스를 심하게 받거나 공포에 사로잡히면 스트레스 호르몬인 코르티솔이 지나치게 많이 나와 배 속 아이의 두뇌에 좋지 않은 영향을 미칠 수 있습니다. 이럴 때는 담당 의사와 상담하는 것이 좋습니다.

아버지가 될 분들도 이런 편치 않은 감정에 휩싸일 수 있습니다. 미래의 아버지들도 앞으로 일어날 일이 부담스럽고 두려울 수 있습니다.

잠깐, 저는 '편치 않은 감정'이라고 했지 '부정적인 감정'이라고 하지는 않았습니다. 임신 중에 느낄 수 있는 감정은 여느 감정과 달리 좋고 나쁘다고 판단할 수 없기 때문입니다. 감정은 외부 상황에 자극받아 나타나는 신체적인 반응입니다. 감정이 일어나면 신체적으로 격한 반응이 나타나기도 합니다. 심장이 빨리 뛰거나 땀이 나거나 얼굴이 빨개지거나 목이 메거나 호흡이 거칠어지거나 하는 반응이 나옵니다.

감정은 내 의지와 상관없이 생기는 반응입니다. 따라서 우리는 감정이 일어나는 것을 억지로 막을 수는 없습니다. 감정은 예고 없이 찾아오니까요. 하지만 아무리 그렇다 해도 감정에 매몰되지 않도록, 감정에 휩싸여 다른 사람에게 상처를 주지 않도록 조심할 필요는 있습니다. 우선은 우리가 느끼는 감정을 의식하고 어떤 감정인지 생각해야 합니다. 그다음에는 무엇이 이런 감정을 자극했고 왜 우리가 이런 감정을 느끼는지 이해해야 합니다.

감정을 이런 식으로 분석해 생각하는 방식은 최근에 나온 것입니다. 불과 몇 년 전까지만 해도 불편한 감정을 드러내면 약점을 보여 준다고 생각했습니다. 그래서 감정이 편하지 않아도 애써 강한 척을 해야 했고 감정을 억눌러야 했습니다. 특히 남자아이라면 울어서도, 화를 내서도, 겁내는 모습을 보여서도 안 되었습니다. 남성들이라면 자라면서 이런 말을 많이 들었을 겁니다. "남자가 강해야지, 울면 안 돼!"

요즘은 죄책감 없이 감정을 표현해도 되고 특정 감정이 생겨난 원인을 이해하는 것이 좋다고 생각하는 환경이 마련되었습니다. 엄청난 발전입니다. 왜 엄청난 발전인지는 차차 살펴보겠습니다.

아이를 낳을 때

엄마가 되면 그 무엇과도 비교할 수 없는 감동적인 순간을 경험합니다. 대부분은 순조롭게 엄마가 되지만, 당사자인 산모와 아이에게 매우 고통스럽고, 트라우마가 생기는 일이 일어날 수도 있습니다. 여러분이 느낀 대로 표현할 수 있는 것이 중요합니다. 신체적인 고통, 두려움, 나아가 공포, 행복, 낙담, 용기, 인내심, 에너지, 피로, 희망, 실망, 호기심, 질투 등 여러분에게 느껴진 감각과 감정이 매우 극심할 수 있습니다.

아버지가 될 분도 마찬가지입니다. 아내의 출산은 감

정적으로 매우 강렬한 순간입니다. 어쩌면 여러분은 지금 이 자리에서 아내와 아이 곁을 지키며 안심시키고 애정을 한껏 표현할 수 있어서 매우 행복하다고 느낄 수도 있습니다. 하지만 반대로 아내의 출산을 보고 공포심에 휩싸이거나 충격을 받아 아내와 아기에게 힘이 되어 주지 못할 수도 있습니다.

아기가 태어난 후

아기가 태어나면 부모 모두 피곤하고 지쳐 나가떨어지는 순간이 생기기도 합니다. 아기를 돌보는 것이 힘겨워질 정도로 부담을 느낄 수도 있습니다. 어쩌면 아기가 태어나기 이전의 삶으로 되돌아가고 싶다는 생각이 들지도 모르겠습니다. 다시 한번 강조하지만, 이런 감정이 생겨도 자연스러운 반응이라 여기고 받아들이세요. 여러분 자신에게 관대해지세요. 이런 감정이 든다고 죄책감을 느낄 필요가 없습니다. 여러분 자신에게 연민의 마음을 가지세요. 그래야 마음이 편해지고 편치 않은 감정이 가라앉습니다.

한 가지 조언을 해 드릴게요. 아이가 태어난 지 얼마 안 되서 당장에 일을 다시 시작하지 않는다면, 낮에 잠을 충분히 주무세요. 아기가 잘 때 같이 자도 좋습니다. 꼭 그래야 합니다. 피곤을 풀 수 있는 가장 좋은 방법이거든요.

혼자서 끙끙 앓지 마세요

주변에 도움을 청하세요

아이와 함께 있을 때는 마음이 평온하고 차분한 상태가 좋습니다. 부모가 스트레스를 받으면 아이도 스트레스를 받습니다. 왜 그러냐고요? 사람은 스트레스를 받으면 스트레스 호르몬인 코르티솔이 나오기 때문입니다. 이때, 아이가 부모의 감정에 영향을 받을 수도 있습니다. 아이는 마치 스펀지와 같습니다. 부모가 스트레스를 받으면 똑같이 몸에서 코르티솔이 나와 심하게 불안해하거나 분노를 느낍니다. 부모인 여러분이 최대한 마음을 평온하고 차분하게 다스리는 것이 중요합니다. 그래야 아이에게 필요한 관심과 애정을 온전히 줄 수 있습니다.

그렇기 때문에 힘들 때 혼자 있지 않는 것이 좋습니다.

배우자, 친구, 가족, 이웃에게 어려움을 털어놓으며 죄책
감을 느끼지 마세요. 아이를 키우는 것이 어려울 수 있습
니다. 절대로 창피한 일이 아니에요. 누구에게나 일어나
는 일이거든요!

조언 하나 더 드릴게요. 어쩌면 휴식이 필요한 것일 수
도 있으니 오후, 저녁, 주말에는 친구, 가족, 아이를 좋아
하는 사람에게 잠깐씩 아이를 맡겨도 좋습니다. 그리고
여러분이 좋아하는 것을 하세요. 잠을 자거나 걷거나 달
리거나 수영하거나 책을 읽거나 노래를 부르거나 춤을
추거나 명상을 하거나 말이죠.

부모들끼리 서로 도우세요

부모들끼리 서로 손을 잡고 도와 봅시다. 같은 건물, 같
은 동네, 같은 마을에 사는 부모들과 말이죠! 그러면 여
러분의 삶도 달라질 겁니다. 예를 들어, 부모 한 명씩 돌
아가면서 오후, 수요일, 저녁, 주말처럼 시간을 정해 아이
두세 명을 맡는 방법이 있습니다. 그동안 여러분은 휴식
을 취하거나 평소 시간이 없어 하지 못한 것을 해 보세요.
부모들끼리, 그리고 서로의 아이들끼리 우정이 꽃필 것

입니다. 더 이상 혼자가 아니라는 생각이 들고 다시 인생을 긍정적으로 바라보며 자신감과 함께 아이에 대한 믿음이 생깁니다.

부모 되기 수업

요즘은 부모 되기 수업이 많이 있습니다. 이런 수업에 참여하면 도움이 되고 일상을 살아갈 힘을 얻을 수 있습니다. 여기서 똑같은 어려움을 겪는 다른 부모들을 만나 함께 생각하고 해결책을 찾으면서 자신감을 회복하는 경우가 많습니다.

너무 힘들면 담당 의사를 찾아가세요

우울한 기분이 들거나 다 때려 부수고 싶거나 다 그만두고 싶다는 생각이 들 때, 아이에 대해 인내심의 한계를 느껴 아이를 마구 흔들거나 때리고 싶다는 생각이 들 때는 지체하지 말고 담당 의사를 찾아가 상담하세요. 아이와 부모 모두에게 도움이 될 겁니다.

아이를 바라보는

새로운 눈

　과학적으로 밝혀진 사실을 받아들이는 일이 늘 쉬운 것은 아닙니다. 조상 대대로 이어져 온 관습에서 벗어나야 하고 진정한 교육 혁명을 이루어야 하기 때문입니다.

　예전에는 어린아이 하면 '변덕스럽다', '제멋대로다', '성가시다', '짓궂다'라는 수식어가 따라 붙었습니다. 그러나 현재 이루어지고 있는 연구 자료는 오히려 반대의 사실을 알려 줍니다. 아이는 태어날 때부터 다른 사람들에게 정서적으로 열린 마음을 지니고 있고 주변 사람들의 감정을 느끼며 공감할 줄 알고 교류를 절실히 원하며 빠르면 생후 몇 개월만 지나도 이타적인 마음을 지닌다고 말이죠. 아이들이 가진 놀라운 장점입니다. 대신, 아이는 불안하면 안정감을 필요로 합니다. 아이는 극도로 연약하고 미성숙하며 부모에게 의지하기 때문이죠!

아이를 이런 관점에서 관찰하면 아이를 보는 눈이 달라지고, 혼내기보다는 아이의 입장을 이해해 연민을 느낄 수 있습니다.

아이의 두뇌는
부모와의 관계에 따라 달라집니다

아이의 두뇌는 아주 예민합니다. 그래서 주변 사람과 어떤 관계를 맺느냐에 따라 크게 달라집니다. 아이의 두뇌 세포, 두뇌 분자, 신경 회로, 두뇌 구조, 시냅스는 물론, 심지어 유전자 발현까지도 아이가 보는 것, 부모의 태도에 영향을 받습니다. 부모가 공감을 잘 해 주는지, 아니면 반대로 부모가 무의식적으로 아이에게 모욕을 느끼게 하는지에 따라 아이의 두뇌가 영향을 받습니다.

오랫동안 생각해 오던 것과 달리, 아이의 두뇌는 어린 시절과 청소년 시절 동안에, 심지어는 그 후 살아가는 동안에도 변할 수 있습니다. 특히 엄마의 배 속에 있을 때와 생후 2개월 때까지는 아기의 두뇌가 가장 예민하고 연약한 시기입니다. 따라서 이 시기에는 아이가 스트레스를 받지 않고 주변 사람들에게 안전하게 보호받고 있다는 기분을 느껴야 공감 능력과 정서적인 능력을 최대로 키울 수 있습니다.

두뇌가 성숙하면
감정을 어떻게 다룰까요?

어린 자녀의 반응을 이해하고 싶다면 예전부터 내려온 두뇌의 구조와 특징에 대한 가설을 알아보는 것도 도움이 됩니다. 이 가설에 따르면 두뇌의 구조는 크게 파충류의 뇌(생존의 뇌), 포유류의 뇌(감정적 뇌), 인간의 뇌(이성적 뇌), 이렇게 세 부분으로 나뉩니다. 현재는 이 가설을 더 이상 사용하지 않습니다. 두뇌의 구조는 독립적이지 않고 신경 회로로 연결되어 있다는 것이 밝혀졌기 때문입니다. 그러나 두뇌를 세 부분으로 나누던 예전의 가설을 통해 두뇌 안에서 일어나는 여러 종류의 메커니즘을 이해할 수는 있습니다.

우리가 위험을 느끼며 불안해할 때는 파충류의 뇌가 작동합니다. 이에 따라 우리는 공격에 나서거나 도망가

거나 너무 놀라 그대로 멈춥니다. 포유류의 뇌(감정적 뇌)는 이름에서 알 수 있듯이 모든 감정을 느낄 수 있게 해줍니다. 인간의 뇌(이성의 뇌)는 전전두엽 피질이 있어서 감정적 뇌와 파충류의 뇌를 조절합니다. 인간의 뇌가 있어서 우리는 상황을 분석하고 한발 물러서서 해결책을 찾으며 마음을 놓으면서 감정과 충동을 조절합니다. 따라서 격한 감정에 사로잡힐 때 전전두엽 피질이 제대로 작동하면 감정을 자제하면서 다른 사람을 언어나 힘으로 공격하지 않습니다.

어린아이는 두뇌가 미성숙합니다

여러분의 아이는 두뇌가 아직 대단히 미숙합니다. 다시 한번 말씀드리지만 부모로서 여러분은 인내심을 많이 가져야 합니다. 어린 자녀의 두뇌가 성숙해지려면 25세 성인은 되어야 하니까요! 5~6세, 나아가 7세까지의 아이는 감정과 충동을 조절할 수 없습니다. 이 사실만 알고 있어도 대단한 발전입니다. 아이가 감정과 충동을 자제할 줄 알면서 모르는 척 하는 것이 아닙니다. 일부러 감정과 충동대로 행동하는 것도 아닙니다. 아이는 그저 감정과 충동 자체를 조절할 수 없는 것뿐입니다.

실제로 두뇌에서 안와 전두 피질이 감정과 충동을 조절하는 역할을 하는데, 아이의 두뇌는 안와 전두 피질이 아직 성숙하지 않았습니다. 관심이 있으실까 해서 더 알려 드리자면 안와 전두 피질은 전전두엽 피질에 속하고 안와(눈구멍) 뒤에 있습니다. 안와 뒤에 위치해 있어서 안와 전두 피질이라고 불립니다. 안와 전두 피질은 정서 및 공감 능력, 감정 조절, 윤리 개념과 결정 능력 발달에 중요한 역할을 합니다. 다시 어린 자녀의 이야기로 돌아와 보죠. 아이는 감정적 뇌와 파충류의 뇌로부터 지배를 받습니다. 이 사실을 알면 아이를 보는 우리의 눈이 완전히 달라집니다!

아이는 포유류의 뇌와 파충류의 뇌로부터 지배를 받습니다

여러분의 아이가 감정 조절이 되지 않아 소리를 지르거나 바닥에 구르거나 장난감을 던지거나 때리거나 할퀴거나 뭅니다. 왜 그럴까요? 아이는 감정을 필터 없이 그대로 표현하기 때문입니다. 아이는 안와 전두 피질 부분이 아직 성숙하지 않아서 감정을 격하게 표현합니다. 따라서 아이가 스스로 마음을 진정시키거나 한 발짝 뒤로 물러나 생각하거나 '이 일은 별것 아닐지도 몰라. 그러니 이겨 내면 좋은 방법을 찾을 수 있을 거야.'라는 생각을 할 수는 없습니다. 오히려 아이는 마음속에서 감정 기복을 심하게 겪기에 스트레스를 많이 받습니다. 아이는 분노, 슬픔, 두려움을 통제하지 못하기 때문에 이런 감정이 생기면 헤어 나오지를 못합니다. 이를 잘 모르는 부모 입장에서는 아이가 격한 감정을 쏟아 내도 아이의 감정을 헤아리지 않고 건성으로 달랩니다. "아무것도 아냐!", "그만 울어!", "장난도 아니고 화 좀 그만 낼래?", "무서워 할 필요 없어."

어린 자녀가 바닥에서 뒹굴거나 장난감을 집어던지거나 소리 지르거나 때리거나 문다면 일부러 그러는 것이 아닙니다. 자기 조절 능력이 전혀 없어서 그러는 것뿐입니다. 아이는 부모인 여러분을 일부러 열받게 하려는 것이 아닙니다. 그저 아이의 두뇌가 아직 성숙하지 않아서 생기는 일입니다.

아이가 화를 내거나 울거나
겁에 질려 있는 것은 괴로워서입니다

분노, 슬픔, 두려움, 혹은 질투를 느낄 때 마음속에 불편함, 심지어 고통을 일으키는 불쾌하기 그지없는 감정이 있다고 생각할 것입니다. 아이의 입장에서 생각해 보세요. 아이도 이런 혼란스러운 감정을 격렬하게 느끼면 실제로 괴로워합니다. 그래서 아이는 부모인 여러분을 필요로 합니다. 이해받고 싶고, 위로받고 싶고, 자신이 겪는 불편한 마음을 말로 표현하는 데 도움을 받고 싶어서죠.

아이는 변덕을 부리는 것도 아니고
여러분을 일부러 골탕 먹이려는 것도 아닙니다

어린아이의 울음에 여러분을 '조종'하려는 의도는 없습니다. 밤에 깨는 것도 변덕을 부리거나 여러분을 '시험'하려 해서가 아닙니다. 과학 연구로 밝혀진 아이의 본능을 통해 아이를 완전히 새로운 눈으로 볼 수 있습니다. 과학적으로 밝혀진 중요한 사실입니다. 갓난아기이건 어린

아이이건 부모인 여러분을 일부러 열받게 하려는 의도는 없다는 뜻입니다! 아이들은 제멋대로 군림하려는 존재가 아닙니다. 그저 두뇌가 아직 성숙하지 않아 감정과 충동을 제대로 절제하지 못하는 것뿐입니다.

아이는 그야말로 미성숙하고 연약한 존재입니다. 감정이 강렬하게 몰려와도 어떻게 자제해야 할지 모릅니다. 아이는 여러분을 열받게 하려고 계산하지 않습니다. 일부러 변덕을 부리는 것도 아닙니다. 이 사실을 이해하는 순간, 어린 자녀를 바라보는 여러분의 시선은 달라집니다. 아이를 나무라기보다는 더 안아 주고 달래 주고 싶은 마음이 생겨납니다.

왜 옛날부터 어른은 아이에게 엄할까요?

제가 자주 듣는 질문입니다. 유니세프는 전 세계 사회에서 가장 모욕을 당하는 존재가 아이들이라고 강조합니다.

왜 그럴까요? 어쩌면 어른들은 아이들이 소리 지르고 때리고 물고 바닥에 구르고 장난감을 던지는 모습을 보면서 아이들을 야생 동물처럼 길들여야 할 존재로 생각했는지도 모릅니다. 이런 아이들을 길들이는 좋은 방법은 말로 혼내거나 체벌하는 것(뺨, 엉덩이 때리기)이라고 판단했을지도 모릅니다. 하지만 길들인다는 것은 억압하는 행위, 힘이 지배하는 관계를 만드는 일입니다. 벌주고 소리쳐 혼내고 말로 상처를 주고 체벌을 하는 거죠. 물론 어른들을 탓하려는 것은 아닙니다. 요즘도 여전히 아이들을 엄하게 키우는 것이 잘 키우는 것이라고 여겨지니까요. 어른들 생각으로는 이렇게 엄격히 길러야 이다음에 아이가 예의 바르게 행동하고 성장하고 배울 수 있다고 확신합니다. 하지만 이런 양육 방식은 정말 버려야 한다는 사실, 이제는 아시겠죠?

중요한 것은

공감

우리 자신의 감정뿐만 아니라 다른 사람들의 감정을 생각하고 돌보는 것이 공감입니다. 공감은 인간관계에서 매우 중요합니다. 우리 인간은 타고난 공감 능력 덕분에 자신을 이해하고, 다른 사람의 입장이 되어 그들을 이해할 수 있습니다. 이렇게 공감 능력이 있으면 다른 사람에게 폐를 안 끼치려 하고, 다른 사람을 배려하고, 동시에 우리 자신을 존중합니다. 우리 인류는 공감 능력을 가진 덕분에 수천 년을 거쳐 살아남았습니다.

　다정한 마음과 공감은 매우 가까이에 있습니다. 같은 방향으로 움직이기 때문입니다. 자기 자신과 다른 사람을 돌볼 때, 비판적인 눈이 아니라 이해가 담긴 눈길로 대하면 다정한 마음이 있다고 말합니다. 다정한 마음은 적극적인 공감 능력입니다.

먼저 자기 자신에게 공감과 다정한 마음을 발휘해야 다른 사람에게도 공감과 다정한 마음을 베풀 수 있습니다. 왜 자기 자신에게 먼저여야 할까요? 자신의 장점과 약점, 실수를 온전히 받아들이지 못한다면, 자신이 느끼는 모든 감정(기분 좋은 감정이든 불쾌한 감정이든)을 제대로 받아들이지 못한다면, 감정이란 꼭 필요한 것을 알려주는 것이라고 이해하지 못한다면, 주변 사람들도 잘 이해하지 못하기 때문입니다. 그러면 매정하고 관용을 모르는 완강한 성격이 되어 주변과 만족스러운 관계를 맺지도 못하고 갈등을 해결하지도 못합니다.

인간은 원래 사악한 존재가 아니라
공감 능력을 가지고 태어납니다

아주 반가운 소식을 들려 드릴게요. 인간은 태어날 때부터 사악하고 이기적인 존재가 아니라는 소식입니다. 오히려 그 반대라고 하네요! 인간은 태어날 때부터 몸속에서 옥시토신이 분비됩니다. 공감 능력을 자극하는 호르몬, 옥시토신이 있기에 주변 사람들의 감정을 이해하며 매우 이타적인 모습을 보여 줄 수 있습니다. 생후 6개월부터 아기도 본능적으로 서로 돕는 행동을 하고 협동하며 다른 사람들을 위한다고 합니다. 이미 여러 과학 연구에서 밝혀진 사실입니다. 그런데 알아 두어야 할 것이 있습니다. 아기 때 반복적인 스트레스를 받거나, 특히 학대와 모욕을 당하면 옥시토신 분비에 문제가 생겨 공감 능력이 발달하지 못합니다.

이처럼 공감 능력은 태어날 때부터 모든 사람들에게 내재해 있지만 몸 안에 잠들어 있는 경우가 많습니다. 공감 능력이 발달하려면 공감 능력을 깨워야 합니다. 공감 능력을 키우려면 공감을 받아 봐야 합니다. 공감 능력은 서로에게 전해지거든요. 어린 자녀도 공감을 받을수록 공감 능력이 있는 사람으로 자랍니다. 반대로 어린 자녀에게 스트레스를 줄수록 어린 자녀의 공감 능력은 줄어듭니다.

공감할 줄 아는 아이로 키우려면
아이에게 공감해 주세요

앞서 말씀드렸듯이 여러분의 아이는 태어날 때부터 공감 능력이 있습니다. 하지만 아무리 타고나는 것이라 해도 주변 사람들에게 공감을 받고 다정한 마음을 느껴야 공감 능력도 발달합니다. 공감 능력에 대한 지식은 많이 발전했기에 이제는 생물학적 메커니즘을 이해할 수 있습니다.

누군가에게 공감할 때 여러분의 몸에서는 옥시토신이 나옵니다. 그리고 여러분의 공감을 받는 사람의 몸에서는 옥시토신이 더 많이 나옵니다. 이른바 선순환이 생깁니다. 공감을 많이 받을수록 몸에서 나오는 옥시토신 비율이 높아지면서 다른 사람에게 더 공감할 수 있습니다. 물론 반대의 경우도 성립합니다. 몸에서 옥시토신이 잘 나오지 않을수록 다른 사람에게 제대로 공감할 수 없습니다.

그뿐만 아니라 옥시토신은 스트레스 호르몬인 코르티솔이 나오는 것을 막아 주기 때문에 옥시토신이 나오면 마음이 편해집니다.

그러면 서로 믿고 이해하는 분위기가 만들어집니다. 공감은 단순하지만 꼭 필요하고 개인과 집단 모두에게 도움이 됩니다. 하지만 공감 능력이 부족한 사람들도 종종 보입니다. 왜 그럴까요? 그들 중 다수는 어린 시절에 공감을 제대로 받지 못해서 자신이 느끼는 감정을 돌볼 줄 모르기 때문입니다. 많은 어른들이 무감각한 채로 일상을 살아갑니다. 교육을 그렇게 받고 자라서죠. 공감 능력을 키울 수 없는 교육 과정 속에서 부모와 아이는 자신도 모르게 피해자가 됩니다.

그래도 노력하면 바꿀 수 있다는 좋은 소식이 있습니다. 공감을 받기만 해도 우리의 몸속에 잠자고 있는 타고난 공감 능력을 깨울 수 있다고 하네요.

대단한 발견 : 공감은 아이의 두뇌를 성숙하게 만듭니다

부모인 여러분이 아이의 두뇌 성장에 직접적으로 영향을 끼친다는 사실을 아는 것만으로도 대단한 발견입니다. 여러분이 아이에게 공감을 해 주면 아이의 두뇌 전체가 좋은 방향으로 성숙합니다. 물론 전전두엽 피질도 성숙합니다. 전전두엽 피질이 성숙하면 감정과 충동을 잘 조절할 수 있습니다. 그러니 아이에게 공감해 주는 태도는 꼭 필요합니다. 실제로 네덜란드의 젊은 연구자 리안 콕Rianne Kok 이 부모의 공감이 아이에게 미치는 영향을 밝혔습니다. 리안 콕은 부모의 공감이 아이의 두뇌 발달에 미치는 영향을 알아보기 위해 191개의 가족 집단을 대상으로 연구를 진행했습니다. 그중 보기 드문 두 부모의 케이스를 골라 오랫동안 연구했는데, 아기들이 생후 6주일 때 시작한 연구는 그 아기들이 여덟 살이 되었을 때 끝이 났습니다. 2015년에 발표된 이 연구 결과에 따르면, 부모와 따뜻하고 공감 어린 관계를 맺은 아이의 두뇌는 모든 부분에서 회백질의 분비율이 높았고(다시 말하면 두뇌 세포와 신경 세포의 중심부에 해당되는 부분이 발달했다는 뜻입니다), 전전두엽 피질이 두꺼웠습니다. 전전두엽 피질이 있기에 인간은 유인원과 구별되고 인간다워집니다. 정리하자면, 부모가 아이에게 공감하는 것은 아이의 두뇌 발달에 직접적인 영향을 준다고 할 수 있습니다.

아빠의 역할이 엄마의 역할만큼 중요하다는 것은 이 연구에서 밝혀진 또 다른 사실입니다.

인내심과 믿음은 공감에 필요한 요소입니다

부모인 여러분에게는 인내심과 믿음이라는 보물이 필요합니다. 부모로서 감당해야 할 커다란 도전이죠. 어떻게 하면 백 번, 천 번 했던 이야기를 또 하면서 지치지 않고 화가 나지 않을 수 있을까요? 일상에서 실천하기 정말로 힘든 일입니다. 아이가 어릴수록 한 말을 더 많이 반복해야 합니다.

아이는 여러분에게 "하지 마!"라는 말을 들을 때, 이거 하면 안 되고 저거 하면 안 된다는 소리를 들을 때 화를 냅니다. 지극히 당연한 일입니다. 유튜브 그만 보라는 소리를 듣거나 전화기에 손대지 말라는 소리를 들어서 오늘 하루 아이가 두 번이나 신경질을 부렸다 해도 잊지 마십시오.

감정은 공감의 핵심입니다

감정에 대한 이야기로 다시 돌아와 보겠습니다. 감정은 공감의 필수 요소이기 때문입니다. 여러분의 감정, 배우자의 감정, 아이의 감정이 연결되어야 공감할 수 있습니다. 이를 인식하고 이해해야 합니다.

다른 사람과 사이좋은 관계, 만족스러운 관계를 맺으려면 자신의 감정과 연결되어 있어야 합니다. 이는 이미 잘 알려진 사실입니다. 스스로의 감정이 어떤지 파악하고, 죄책감 없이 표현할 수 있어야 합니다. 감정에 휩싸여 다른 사람을 해치는 일이 없도록 자신의 감정에 잘 대처해야 합니다. 이러한 능력을 가리켜 '사회·감정 능력'이라고 합니다.

감정은 중요하지만
감정이 관심의 대상이 된 것은 최근의 일입니다

1995년에 신경학자 안토니오 R. 다마지오Antonio R. Damasio는 저서 『데카르트의 오류』에서 감정이 두뇌 속에서 지나가는 길을 처음으로 묘사했습니다. 그러면서 감정을 담당하는 두뇌 부분이 손상되면 윤리 의식이나 도덕의식이 없어져 우리 삶이 엉망이 된다는 것을 보여 주었습니다. 감정이 이처럼 중요한 역할을 한다는 것을 알게 된 전 세계 과학계는 충격에 휩싸였습니다.

안토니오 R. 다마지오는 지성, 사고력, 이성이 하는 역할을 부정하지 않으면서 감정에 대한 편견을 깬 셈입니다. 오랫동안 과학계는 감정이 결정을 내리는 데나 균형적인 삶에 방해가 된다고 생각했거든요. 그러나 안토니오 R. 다마지오는 우리가 마음속으로 느끼는 감정에 귀를 기울이는 것과 이러한 감정을 느끼는 이유를 이해하는 것이 얼마나 중요한지를 밝혀냈습니다.

우리는 감정에 힘입어 자기 자신을 알게 됩니다

우선, 감정은 자신을 돌보라고 여러분에게 보내는 신호이자 메시지입니다. '내가 정말 원하는 삶을 살고 있는 것일까?' 하고 감정이 보내는 신호와 메시지에 귀를 기울여야 합니다!

여러분이 기쁨, 즐거움, 의욕을 느낀다면 좋아하는 것을 하고 자기 자신으로 살기 때문입니다. 그러면 어떤 방향으로 인생을 살아야 할지 잘 알고 진정으로 원하는 인생을 살게 됩니다.

'내가 좋아하는 것은? 내가 관심 있는 것은? 내가 의욕이 넘칠 때는? 내가 기쁠 때는? 왜 그럴까?', '내가 안 좋아하는 것은? 내가 관심 없는 것은? 내가 괴로운 때는? 내가 두려울 때는? 왜 그렇지?' 이러한 모든 질문은 감정을 정리하는 단계이기에 여러분이 진정 누구인지 잘 알 수 있게 도웁니다.

여러분의 아이에게도 자신을 아는 일이 매우 중요합니다. 아이는 자신이 누구이고 무엇을 좋아하고 싫어하는지 알아 가면서 성장합니다. 그러면 아이는 정말로 관심 있는 것을 선택할 수 있습니다.

감정은 우리에게 진정으로 필요한 것을 보여 주는 거울입니다

어떤 감정을 느낀다면 잠시 생각해 보며 스스로 질문

해 보세요. '왜 이런 감정을 느끼는 걸까? 불쾌한 감정은 어떻게 해야 나아질 수 있을까?' 그러면 여러분이 정말로 원하는 것이 무엇인지 보여 주는 거울이 감정이라는 사실을 알 수 있습니다.

예를 들어 보죠. 부모인 여러분이 아이에 대해 느끼는 불쾌한 감정 중에 분노가 있습니다. 아이가 이해할 수 없는 행동을 할 때 느끼는 감정이죠. 결국 화가 난 부모는 아이에게 상처가 되는 막말을 하거나 벌을 주거나 뺨을 때립니다. 잠시 생각해 보면 왜 그렇게 화가 났는지 알 수 있습니다. 바로 아이가 걱정되고 겁이 나서입니다. 이상한 일은 아니죠? 아마 이런 생각이 들어서일 겁니다. "우리 아이가 바닥에서 뒹굴다니. 우리 아이가 이렇게 깨물다니. 정말 걱정이야!"

실제로 여러분에게 필요한 것은 내 아이가 정상이라는 확신과 안도감입니다. 그러나 여러분 아이의 나이 때에는 이런 행동을 흔히 합니다. 이를 이해하면 아이를 보는 눈이 달라지면서 분노가 가라앉습니다!

우리의 감정을 연구하면 자기 자신과
다른 사람들을 배려하며 살 수 있습니다

자신의 감정을 스스로 연구해야 합니다. 자기 자신이
느끼는 감정을 마주하며 감정에 이름을 붙인 후 죄책감
느끼지 않고 그 감정을 표현해야 감정을 조절할 수 있습
니다. 감정을 연구하면 자기 자신에 대해 더욱 잘 알게 되
고, 나다운 삶을 살 수 있습니다. 이 연구 작업이 끝나면
다른 사람들의 말에 귀를 기울이고, 다른 사람들을 이해
하며 공감합니다. 다른 사람들도 우리처럼 감정이 있는
존재라고 받아들이는 것이죠. 만족스러운 관계를 위해
먼저 필요한 조건입니다.

자신의 감정에 솔직한 것은 평생 필요한 일입니다

자신의 감정을 제대로 알아야 합니다. 이는 여러 부분
에 중요한 영향을 끼치기 때문입니다.

• 애정 생활을 위해. 감정이 전혀 없고 주변 사람들에게

무관심하다면 그 사람들을 사랑할 수 없습니다.

- 일을 위해. 매일 여러분이 하는 일에 관심이 없고 어떤 열정, 기쁨, 동기도 느끼지 못한다면 일을 제대로 할 수 없습니다.

- 윤리 의식과 도덕의식을 위해. 다른 사람에게 아무 감정을 느끼지 못하고 관심도 가지지 않는다면 다른 사람을 막 대하게 됩니다. 다른 사람이 고통을 받든 상관하지 않습니다. 그뿐만 아니라 스스로 하는 일에 아무런 혼란도, 충격도, 불안도 느끼지 않아 불법적이거나 부당한 일을 서슴지 않고 할 수 있습니다. 수치심이나 죄책감을 느끼지 못해서죠.

- 결정하고 선택하기 위해. 전부 똑같이 보이면 선택을 할 수 없습니다. 그러면 결국 인생에서 정해야 할 방향을 알 수 없습니다.

공감하는

부모가 되는 법

우선, 공감할 줄 아는 부모는 자신의 감정을 인정해 그대로 받아들이면서 어떤 감정이 드는 것을 부끄럽게 생각하지 않습니다. "그래, 사실 나는 화가 난 거야. 아니면 당황했거나.", "지금 걱정이 되기도 하고 무기력하고 당혹스럽고 맥이 빠지는 것 같아." 그다음으로 공감할 줄 아는 부모는 아이가 이런 행동 혹은 저런 행동을 할 때 왜 이런 감정이 생기는지 이해하려고 합니다. 예를 들어 짜증이라는 감정 뒤에는 불안감, 무기력함, 무능함 같은 감정이 숨어 있을 때가 많습니다. 화가 난 부모는 이런 생각을 하죠. '아이가 늘 화를 내. 저건 정상이 아냐. 어쩌면 내가 잘못 키운 것인지도 몰라! 나는 나쁜 엄마(아빠)야! 앞으로도 화내는 저 아이를 진정시킬 수 있을까?'
　왜 걱정이 되는지 이유를 분명히 알면 분노가 가라앉

을 때가 많습니다. "그래, 사실, 나 자신에게 화가 난 거야. 아이 기르는 것을 쉽게 생각했어. 하지만 부모가 되는 일은 어렵고 복잡하다는 것을 인정해야 해. 처음 낳아 기르는 아이니까 앞으로도 배워 가면서 실수도 하겠지."

자기 자신에게 공감하면 아이에게도 공감할 수 있습니다. 아이의 감정을 이해하면 아이를 잘 돌볼 수 있습니다.

다시 한번 말씀드리지만 감정을 연구하는 일이 어렵더라도 자책하지 마세요. 우리는 자랄 때 이런 훈련을 받은 적이 없으니까요. 그래도 연습하면 나아집니다!

아이에 대한 공감은 임신 기간부터 시작됩니다

임신 기간 동안 여유를 가지고 배 속의 아기와 연결된다면 아기의 감정을 느낄 수 있을 것입니다. 보통, 임신 6개월부터 가능합니다. '지금 배 속의 아기가 평온하고 조용하게 있는 것 같아.', '이런, 배 속의 아기가 흥분하고 짜증을 내고 있네. 나의 자세가 잘못된 것일까, 아니면 내가 듣는 음악이 마음에 들지 않아서일까? 아니면 정작 내가 짜증이 나서 이런 기분이 드는 것일까?'

배 속에 있는 아기에게 귀를 기울이면서 아기와의 관계도 돈독해지고 아기가 느끼는 감정을 자세히 알아보려는 노력도 하게 됩니다. 그러면 아이가 태어난 후에도 자연스럽게 계속 아기의 감정을 살필 것입니다.

아이에게 보여 주는 공감 : 아기가 태어난 지 얼마 안 될 때, 아기가 태어나고 몇 주 후

공감은 사랑을 위한 첫걸음입니다. 아마 경험해 본 적이 있을 거예요. 우리가 여유를 가지고 다른 사람들에게 마음을 열어 그들이 느끼는 감정을 이해하고 이에 공감할 때 서로의 관계는 만족스러워지죠. 우리가 맺는 모든 인간관계에서 이러한 공감 능력은 절대적으로 필요합니다. 소중한 사람들과의 관계라면 공감이라는 첫걸음이 정말 중요하죠. 공감이 없다면 사랑도 없습니다.

아이를 사랑하게 되는 시점은 사람마다 다릅니다. 임신 때부터일 수도 있고 아이가 태어난 이후일 수도 있고 아이가 여러분의 품에서 떨어지려고 하지 않을 때일 수도 있습니다. 어느 시점이든 아이에 대한 사랑이 넘쳐 나면 여러분은 행복감을 느낍니다.

하지만 모든 부모가 자신의 아이를 곧바로 사랑하는 것은 아닙니다. 시간이 필요한 부모들도 있습니다. 이 경우에는 아이에 대한 사랑이 서서히 발전합니다. 아이가 아주 어릴 때 관심을 가져 주고 아이의 감정을 살핀다면, 아이를 편하게 해 주고 따뜻하게 대하면서 아이가 필요로 하는 것을 들어준다면, 아이에게 공감하고 있다는 뜻입니다. 여러분이 아이에게 보내는 공감은 정말로 중요한 발걸음입니다. 부모에게 공감받는 아이는 안정된 마음을 가지고 자라납니다.

아이는 태어날 때부터 감정을 표현합니다

여러분의 아이는 생명체이기에 태어날 때부터 감정이 있습니다. 아이는 감정을 있는 그대로 강하게 표현하는 것이 특징입니다! 아이는 자기가 느끼는 감정을 눈빛, 얼굴 표정, 울음, 미소, 옹알이, 온몸으로 드러냅니다. 아이야말로 활짝 펼쳐진 책과 같습니다.

자신감과 여유를 가지고 아이의 마음에 다가가 보세

요. 그러면 아이가 느끼는 감정을 이해하고 공감할 수 있습니다. 물론 아무리 부모라도 실수할 수 있고 머뭇거릴 수 있습니다. 그때는 아이에게 이렇게 말해 보세요. "무슨 말을 하는 건지 잘 모르겠다. 무슨 생각인 건지 알려 줄래? 네가 느끼는 것을 그대로 표현해도 돼." 그리고 아이에게 다양한 종류의 감정을 표현하도록 도와주세요. "지금 너는 스트레스를 받아서 화가 나고 슬프구나. 안아 줄까? 자세를 바꿔 줄까?" 이렇게 하면 아이와의 관계가 한층 돈독해집니다.

그리고 아이의 태도를 보고 아이의 마음이 어떤지 곧바로 알 수 있습니다. 애정 어린 관심을 받은 아이는 안정감을 느낍니다. 물론 여러분 자신에게 기울이는 애정 어린 관심도 같이 느낍니다. 자신감을 가지면 아이를 더욱 잘 이해할 수 있습니다.

아기는 교류하는 순간을 간절히 원합니다

매일 몇 분이라도 좋으니 모든 모니터에서 눈을 떼고 아이에게만 집중하는 여유를 가져 보세요. 열린 마음과 애정으로 아이에게만 집중할 때, 아이를 따뜻하고 부드럽게 안아 주면서 부드러운 목소리로 말하고 애정 어린 눈길로 볼 때 여러분은 대단히 편안해집니다. 아이도 그렇고요! 아이는 사랑받고 있다는 기분에 마음이 편해지고 안정감을 느낍니다. 함께 행복을 느끼는 귀한 순간은 여러분과 아이 모두에게 좋습니다. 따뜻하게 교감하면서 애정이 생기고 돈독해집니다.

이때 두뇌에서 일어나는 신기한 현상이 또 있습니다. 옥시토신과 행복 호르몬(편안함을 가져다주고 불안감을 잠재워 주는 물질)이 부모의 몸과 아이의 몸에서 나온다는 것이죠!

서로 눈을 마주 볼 때 일어나는 기적

서로 눈을 마주 보는 것은 사람과 사람 사이에서 일어나는 직접적이고 감각적이며 정서적인 언어입니다. 입으로 말할 수 없는 많은 것을 눈빛으로 전할 수 있습니다.

눈은 애정 어린 관계에서 중요한 역할을 합니다. 흔히 눈을 가리켜 '마음의 창'이라고 하죠. 실제로 눈은 사람의 감정과 의도를 보여 주는 귀한 지표입니다. 그래서 눈빛이 전하는 메시지를 읽고 이해하는 일이 인간관계에서 중요합니다. 눈은 두뇌의 메시지를 직접 보여 주는 유일한 신체 부위입니다. 눈은 눈구멍 뒤에 위치한 두뇌 구조인 안와 전두 피질과 연결되어 있습니다. 안와 전두 피질은 감정의 발생, 인식, 조절은 물론 공감에 관여합니다.

아기의 눈을 찬찬히 보세요

여러분의 아이가 무난하게 인간관계를 맺는 사람으로 자라기를 바란다면 잠시 시간을 내서 아이와 눈을 마주 보는 즐거움에만 집중해 보세요. 최근의 과학 연구 덕분에 사회화에 관여하는 주요 두뇌 구조가 태어날 때부터 강해진다는 사실이 알려졌습니다. 아기가 태어나는 순간에 조화, 공감, 시선 교환, 비언어적인 신호가 나타나기 때문입니다. 막 태어난 아기는 마치 의지할 사람이나 물건을 찾듯이 눈을 오른쪽에서 왼쪽으로 정신없이 움직입니다. 소아과 의사로서 알게 된 사실이 있습니다. 아기가 막 태어났을 때 그 누구도 눈을 마주쳐 주지 않으면 생후

1개월이 되어서도 눈빛이 불안정하게 움직입니다. 마치 마음 둘 곳 없어 불안해하는 것 같죠. 아기는 고개를 오른쪽에서 왼쪽으로 계속 돌립니다. 집중하지 못하고 들썩이는 '정신 산만한' 아이가 되어 버린 듯이 말이죠.

반대로 눈을 마주칠 사람을 찾은 갓난아기는 안정된 눈빛을 지닙니다. 태어난 후 얼마 지나지 않았는데 움직임도 별로 없고 미소도 짓지 않는 아기가 있습니다. 아기는 눈을 마주 보는 즐거움을 느낄 때 억지로 미소를 짓습니다. 행복해서 저절로 짓는 미소와는 다릅니다. 분만실에서부터 부모에게 미소 짓는 아기들을 본 적이 있습니다. 눈을 마주친다는 것은 서로 표현하고 듣는 진정한 관계를 맺을 수 있다는 뜻입니다. 아기와의 관계에서도 눈을 마주치는 일은 중요합니다. 아기도 여기에서 삶의 의미를 찾습니다.

아이가 감정을 표현하게 해 주세요

여러분의 아이가 감정을 표현할 때 "좋네.", "나쁘네."라고 판단하지 않고 그대로 놔두면 아이의 마음이 편해지고 여러분과의 관계도 돈독해집니다.

어른들도 자신의 감정을 말로 표현해야 좋습니다. 자신의 감정을 표현하면 두뇌 편도체가 안정됩니다. 아몬드 모양의 작은 두뇌 편도체(프랑스어로 '편도체'를 'amygdale'이라고 하는데 '아몬드'를 뜻하는 그리스어가 'amygdale'입니다.)는 스트레스 호르몬 분비에 관여합니다. 혈액 속 코르티솔이 적을수록 스트레스를 덜 받고 마음이 편해집니다. 아이의 감정을 받아들여 아이가 감정을 표현할 수 있게 해 주세요(예를 들어 "나 화났어.", "엄마 나빠.", "아빠 때문에 짜증 나!", "무서워.", "슬퍼." 등). 그리고 아이의 감정을 이해하며 아이가 들려주는 말에 대답해 주세요. 그러면 아이는 마음이 누그러지고 스트레스가 줄어들면서 여러분과 함께 있는 것을 편하게 생각합니다. 그리고 아이는 이렇게 생각합니다. "엄마 아빠는 나를 있는 그대로 보고 이해해 줘. 나는 내 마음을 표현할 수 있어. 내가 필요한 것이 있다고 말하면 엄마 아빠는 내게 관심을 가져 주셔."

그러면 아이는 아주 마음껏 자신을 표현합니다. 자신이 느끼는 것과 원하는 것을 때로는 시끄럽고 정신없이 표현합니다. 물론 부모로서 이를 견딘다는 것이 늘 쉬운 일은 아니죠. 아이를 키우는 것은 아이가 느끼고 좋아하는 것을 말할 수 있게 돕는 일, 아이가 자랄 수 있도록 돕는 일입니다.

아이가 얌전하면 기르기 편하기는 합니다! 얌전한 아이라면 느끼는 것을 표현하지 말라고 하는 말도 들을 테니까요. 하지만 아이 입장에서는 감정을 억눌러 불안하거나 우울하거나 공격적인 성격이 될 수 있습니다.

아이가 처음으로 하는 말은 감정 표현입니다

아이가 어리면 자신의 감정에 충실하기 때문에 감정을 있는 그대로 표현하는 것을 어려워하지 않을 것입니다. 어릴 때부터 아이의 감정을 살펴 주고 아이가 느끼는 감정에 이름을 붙여 주면 아이도 자연스럽게 자신이 느끼는 감정을 말로 표현합니다.

놀라실지 모르겠지만 아이가 맨 처음 입을 열 때 하는 말이 감정을 표현하는 말입니다! 태어날 때부터 감정을 표현하기 좋은 환경에서 자란 아이들이 맨 먼저 꺼내는 말은 다양한 감정입니다. 예를 들어 만족, 슬픔, 두려움 같은 감정이죠. 이 사실을 알고 저도 깜짝 놀랐습니다. 결국 인간에게는 감정을 표현하는 것이 자기 자신을 위해서나 주변과 맺는 관계를 위해서나 아주 중요한 것이죠.

가족끼리 감정을 표현하는 연습을 정기적으로 해 보세요

먼저, 하루가 시작되면 여러분의 감정을 스스로 표현해 보세요. 기분이 아주 상쾌하답니다. 여러분이 스스로 느끼는 감정을 입 밖으로 꺼낼 때, 이를 들은 아이는 자연스럽게 신나는 마음으로 자신의 감정을 표현할 것입니다. 이모티콘, 작은 인형을 사용해 여러분의 감정을 표현해도 좋습니다.

여러분이 느끼는 감정을 '마음의 날씨'처럼 표현하는 연습도 좋습니다. 자신에게 이렇게 물어보세요. "마음속의 날씨는 어떻지? 맑은가, 구름이 끼었나, 폭풍우가 치나?" 하루에 이런 연습을 반복해서 하면 가족 관계가 좋아집니다.

감정은 전염됩니다

　감정은 전염됩니다. 감정은 즉각 두뇌에서 두뇌로 전해지거든요. 아기를 하루 종일 품에 안고 있다고 해서, 아기의 몸을 부드럽게 문질러 준다고 해서 요술 지팡이처럼 모든 문제가 해결되는 건 아닙니다. 포옹과 마사지로 모든 것이 해결되지는 않는다는 뜻입니다. 아이를 안고 있거나 아이의 몸을 살살 문질러 줄 때라고 해도 여러분의 마음이 불안하고 짜증 나고 동요된 상태라면 그 감정이 아기에게 그대로 전달됩니다. 아기 역시 곧바로 불안감, 짜증, 동요된 마음을 느낍니다. 피부와 피부가 닿는 포옹이나 마사지도 그 자체로는 좋지만 아이가 전해 받고 느끼는 것은 애정과 따뜻한 마음입니다.

　아기는 진정한 감정의 스펀지여서 주변 사람의 감정을 그대로 빨아들입니다.

　여러분의 아이가 감정을 느낄 때 부모로서 한발 물러나 관찰해 보세요. 아이가 화가 나 있거나 짜증이 난 상태이거나 두려움에 사로잡혀 있다면 아이가 얼마나 괴로워하는지 보일 것입니다. 거울처럼 똑같이 아이의 감정을 받아쳐서 반응하지 말고 거리를 유지해 아이와 같은 감정에 빠지지 않도록 해야 합니다.

아이를 이해하면 여러분의 마음도 누그러져 이성을 찾습니다. 정말 힘든 일이기는 하죠! '그래, 아이가 나한테 화가 났구나. 사탕을 더 먹겠다는데 못 먹게 해서. 하지만 화가 난 것은 아이야. 나는 부모로서 할 일을 하고 흔들리지 않는 거야. 아이가 나한테 화를 내는 것은 당연해. 받아들여야지. 이따가 아이를 달래 주어야겠어. 일단 아이의 화가 누그러지면 왜 사탕을 더 못 먹게 했는지 말해 줘야지.'

하지만 아이가 아프거나 힘든 일로 고통을 겪는 모습을 한발 물러서서 지켜본다는 것은 부모인 여러분에게는 무척 어렵고 힘든 일입니다.

아이가 느끼는

혼란스러운 감정

태어난 지 얼마 안 된 아기는 매우 불안한 상태입니다. 아직 미성숙한 아기이기에 계속 걱정하고 극도로 예민하죠. 여러분이 애정 어리게 접촉해 주면 예민한 아이의 감정이 누그러질 것입니다.

아이는 마음이 안정되고 편해야 두뇌가 성숙합니다

20세기에 영국의 정신 분석가 존 보울비John Bowlby는 애착 이론 연구를 통해 아이가 성인과 안정된 애착 관계를 맺을 때 가장 잘 자란다는 사실을 밝혀냈습니다. 어린 아이는 자기를 돌봐 주는 사람과 잘 지내고 싶어 합니다. 아이가 불안해할 때 위로해 주고 보호해 주며 곁에서 애정을 쏟아 줄 대상이기 때문입니다.

21세기에는 두뇌에 관한 연구를 통해 존 보울비의 이론이 더욱 힘을 얻었습니다. 아이가 불안해할 때 여러분이 달래 주고 감싸 주며 편안한 기분을 느끼게 하면 아이의 두뇌가 발달합니다. 인간의 뇌, 포유류의 뇌, 파충류의 뇌 사이에 연결 고리가 다발로 생기기 때문입니다. 두뇌를 연결하는 연결망은 몇 년이 지나야 확실히 효과를 발휘합니다. 이 단계가 되면 아이는 자신이 느끼는 감정을 한 발짝 물러나 볼 줄 압니다. 어린아이는 어른들을 통해 마음이 안정되고 편해질수록 모든 것이 제대로 깨어나면서 얌전해집니다.

그래서 태어난 지 얼마 안 된 아이는 엄마, 아빠, 혹은 자신을 이해해 주고 필요한 것을 주는 다정한 어른이 안심시켜 주고 달래 주기를 바랍니다.

아이는 혼자서 마음을 달래지 못합니다

연구를 통해 또 알려진 사실이 있습니다. 약 5~6세까지의 어린아이는 감정에 격하게 휩싸이면 혼자서 마음을 다잡지 못한다는 것입니다. 즉, 아이에게는 자신의 감정을 이해하고 그 감정을 표현할 수 있게 도와 달래 주는 어른이 꼭 필요합니다. 어른들이 이러한 모습을 보여 주면 그만큼 아이의 두뇌도 성숙합니다. 여러분이 아이를 공감해 주고 다정하게 대하면 아이도 공감 능력과 사교성을 갖추어 공격적이거나 반사회적인 행동을 하지 않게 됩니다.

반대로 아이가 어딘가 불안하고 괴로워서 이를 격렬한 감정으로 내보이는데도 여러분이 아이를 혼자 방치하면 아이의 몸 안에서 코르티솔이 과다 분비됩니다. 아이의 두뇌 발달을 막는 호르몬, 코르티솔이 많이 나오면 행동 장애, 공격성, 불안감, 우울증, 산만한 태도 등 여러 문제가 생길 수 있습니다.

"그러니까 아이가 울 때
그냥 내버려 두면 안 된다고요?"

아이가 울 때는 늘 반응해 주어야 합니다. 아이가 우는 것은 여러분을 조종하기 위해서도 아니고 일부러도 아닙니다. 아이는 어떤 메시지를 전하기 위해 웁니다. 어쩌면 아이가 스트레스를 받았거나 답답하거나 피곤하거나 덥거나 춥거나 아픈 것일 수도 있습니다.

아이가 왜 우는지 알아보고 여기에 맞게 반응하는 것은 부모가 해야 할 일입니다. 아이는 울면서 스트레스를 풀 수 있고 여러분의 관심을 끌 수 있습니다. 동물과 달리 인간의 아기는 혼자서 살아갈 수 없습니다. 무섭다고 도망갈 수도 없고 배고프다고 혼자 먹을 것을 마련할 수도 없습니다. 여러분의 관심을 끌어 자신에게 오게 하려면 울음밖에는 답이 없습니다. 아이 나름의 SOS 방식인 울음에 적절히 반응해 주어야 합니다. 예를 들어 아이가 스트레스를 받거나 피곤해서 우는 것인데 먹을 것을 주면 안 되겠죠.

아이가 울게 방치하면 왜 위험할까요? 우선, 아이는 누군가를 불렀는데도 무시당하면 울음을 멈추지 않습니다. 그러면 스트레스 호르몬인 코르티솔이 지나치게 많이 나와 아이의 두뇌에 해를 끼칩니다. 아이가 무엇인가가 절실해서 우는데도 애정 어린 관심을 주지 않으면 아이는 결국 그 누구도 반응이 없으니 울어 봐야 아무 소용이 없다고 생각합니다. 그러면 아이는 걱정거리, 두려움, 불안함, 분노를 마음속으로 삭이며 자기 안에 갇힙니다. 그리고는 자신의 감정을 더 이상 표현하지 않는 것이 몸에 뱁니다. 그렇게 아이는 아무 말 없이 혼자 고통을 삭이고 에너지의 일부, 삶의 의욕 일부를 잃습니다. 관계를 맺고 교류하고 싶은 인간의 기본 욕구가 채워지지 않으면 아이의 성장과 세계관에 대단히 안 좋은 영향을 미칩니다.

아이들이 학대받는 첫 번째 이유가 울어서입니다. 아이가 울 때 어떤 부모들은 냉담하게 반응하거나 매우 폭력적으로 행동하기도 합니다. 심지어 울다가 부모에게 맞아 죽는 아이도 있습니다. 주로 아이가 한 살일 때 이런 일이 일어납니다. 단순히 부모 탓을 하려는 것은 아닙니다. 부모들도 실제로는 괴로울 테고 도움과 지원을 필요로 할 테니까요.

울음에 관한 이야기

어린아이에게 울음은 삶의 일부분입니다. 하지만 아이가 자주 울면 부모인 여러분은 걱정을 하고 어찌할 바를 몰라 기운이 빠지고 화가 납니다. 그러다가 아이가 지나치다 싶을 정도로 많이 울면 부모는 짜증과 신경질을 내며 아이에게 공격적인 말과 행동을 합니다. 그러지 않기 위해서는 아이가 울 때 여러분이 어떤 느낌을 받고 어떻게 반응하는지 알아야 합니다. 그다음에는 아이를 이해해 보려고 해 보세요. "아이는 우는 것으로 무슨 말을 전하려는 걸까요?" 어쩌면 여러분은 본능적으로 아이의 울음을 제대로 분석할지도 모릅니다. 하지만 처음으로 아이를 낳아 기르는 경우에는 부모도 초보여서 배워야 할 때가 있습니다. 아이가 운다고 늘 '배고프다'는 뜻으로 받아들이면 안 됩니다. 이 함정에 걸리면 안 됩니다. 아이는 엄마 젖을 빨 때 조용해집니다. 아이는 배가 안 고파도 젖을 빠는 것을 좋아합니다. 아이가 울 때마다 먹을 것을 주면 아이는 스트레스, 짜증, 피곤, 분노, 두려움, 불안함 등 여러 감정을 느낄 때마다 무엇인가를 먹어서 마음을 안정시킵니다. 이렇게 되면 아이가 나중에 스트레스, 당혹감, 불안감, 분노를 느낄 때 먹을 것에 병적으로 집착하기 때문에 위험합니다. 즉, 아이는 안 좋은 감정이 들 때마다 자신의 마음에 귀를 기울이기보다는 먹으려고만 할 것입니다. 또 다른 문제가 있습니다. 아이가 지나치게 많이 먹으면 배가 자주 아플 것입니다. 아기는 소화를 못할 때가 많아서 너무 많이 먹으면 소화 불량에 걸려 더 많이 웁니다. 이는 악순환을 가져오는 것입니다. 여러분은 아이가 괴로워서 우는데 젖을 물립니다. 평소에 젖을 물리면 아기가 조용해지기 때문에 이번에도 배가 고파 우는 것이라고 생각하는 것입니다! 하지만 소화 불량인 아기는 젖을 많이 먹을수록 소화가 더 안 되겠죠. 아이의 배는 더 아프고 울음은 그치지 않습니다.

정리하면 이렇습니다. 아이에게 울음은 감정과 필요한 것을 표현하는 창구입니다.

- 아이는 스트레스를 받고 짜증이 나고 자극을 받을 때 웁니다.
- 아이는 피곤하고 잠을 잘 못 잘 때 웁니다. 아이는 졸리면 짜증이 나서 웁니다.
- 아이는 위로와 포옹이 필요할 때 웁니다.
- 아이는 걱정이 되거나 불안하거나 화가 나거나 두려

울 때 웁니다.

- 아이는 심심할 때 웁니다.

- 아이는 자세를 바꾸고 싶거나 기저귀를 갈고 싶을 때
  웁니다.

- 아이는 배고프거나 목마르거나 너무 덥거나 추울 때,
  무언가가 신경에 거슬릴 때 웁니다.

- 아이가 괴로울 때 울 수도 있습니다. 아이가 괴로워서
  우는 울음은 부모가 쉽게 눈치챌 수 있습니다.

울음은 아이가 품는 다양한 감정과 욕구를 표현하는
창구입니다. 아이는 무조건 배가 고파서 운다고 생각하
는 것은 너무 좁은 시각입니다. 아이와의 관계에서 부모
는 아이가 지닌 다양한 면에 대해 알고, 이해하여 실질적
으로 원하는 것을 안겨 줄 수 있을 때 행복을 느낍니다.

아이는 불안하면 때리고 물어뜯습니다

생후 14~15개월에서 약 4~5세까지(가장 심할 때는 생
후 18개월에서 3세 반까지) 아이가 때리거나 물거나 할퀴

기 시작합니다. 아이가 일부러 '못되게 굴려는 것'이 아니라 아직 두뇌가 성숙하지 않아서입니다. 어린아이는 위험을 느끼거나 기본적인 욕구(사랑과 관심을 받고 싶은 욕구, 조용히 있고 싶은 욕구, 놀고 싶은 욕구 등)가 충족되지 않을 때 정서적으로 불안함을 느낍니다. 이 나이대의 아이는 파충류의 두뇌와 감정의 두뇌로부터 지배를 받기 때문에 반응을 격렬하게 합니다. 때리거나 물어뜯거나 소리 지르거나 바닥을 구르거나 장난감을 던집니다.

다시 한번 말하지만 아이는 '사악해서' 그러는 것이 아닙니다. 아이는 여러분을 골탕 먹이려고 물어뜯는 것이 아닙니다. 아이의 두뇌가 미성숙해 나오는 행동일 뿐입니다.

아이가 엄청 화를 내거나 때리거나 물어뜯을 때 어떻게 해야 할까요?

진정한 교육 혁명

어린아이는 정신적으로 매우 불안합니다. 아이가 마구 화를 내거나 때리거나 물어뜯을 때 여러분은 너무 놀랄 것입니다. 그리고 여러분이 싫어하는 이 행동을 아이가 그만두기를 바랍니다. 아이가 보이는 모습에 여러분은 화가 나면서도 걱정이 되어 아이에게 이렇게 말합니다. "영화 그만 찍어.", "화풀이는 다른 데에서 해.", "너 못 됐구나, 착한 아이가 아니네. 네가 하는 이런 행동은 좋지 않아." 그래도 아이가 거슬리는 행동을 멈추지 않으면 여러분은 벌을 줍니다. 수천 년 동안 부모들이 해 온 양육 방식입니다. 정서 신경 과학이 새롭게 밝혀지면서 인류에게 커다란 발전을 가져다주었습니다. 정서 신경 과학 덕분에 아이를 바라보는 우리의 시각과 아이를 대하는 우리의 태도에 변화가 일어났기 때문입니다! 21세기에 연구를 통해 밝혀진 사실은 본능과는 완전히 다르며 진정한 교육 혁명을 가능하게 합니다. 연구에 따르면 부모는 아이에게 화를 내거나 처벌하면 안 됩니다. 아이는 아주 연약하고 미성숙한 존재이기 때문에 다른 방식으로 반응해야 합니다. 아이가 느끼는 감정을 이해하고 위로해 주세요. 아이가 자신의 감정을 말로 표현할 수 있게 도와 스스로 이 상황을 극복하게 하세요. 이상적인 방법입니다. 이 과정을 통해 아이의 두뇌는 점차 성숙합니다.

1단계 아이의 감정을 헤아리고 아이가 무엇을 원하는지 알아보세요.

여러분의 아이는 당황하면 어떤 감정을 느낄까요?

- 아이가 스트레스를 받거나 걱정하거나 충격을 받나요?
- 아이가 슬퍼하나요?
- 아이가 화를 내거나 질투하나요?
- 아이가 단순히 피곤해 하나요?

그다음에 아이가 무엇을 필요로 하는지 알아내 보세요.

- 아이가 애정, 포옹, 혹은 관심을 필요로 하나요?
- 아이가 위로를 받고 싶어 하나요?
- 아이가 품에 안기고 싶어 하나요?
- 아이가 마음의 안정을 필요로 하나요?
- 아이가 배가 고프거나 졸려 하나요?

반드시 알아 두어야 할 부분입니다. 자신이 이해받았다는 생각이 들기만 해도 아이의 행동은 누그러집니다.

2단계 따뜻하고 부드러운 부모가 되어 곁에서 아이의 마음을 편안하게 해 주세요.

아이가 감정적으로 격해져 소리를 지르거나 바닥에 뒹굴거나 장난감을 던지거나 물어뜯을 때 여러분의 태도로 아이의 마음을 달랠 수 있습니다. 여러분이 하는 말보다 여러분의 행동, 목소리, 몸짓이 아이의 감정 두뇌에 더 잘 가닿습니다. 여러분의 애정 어린 태도가 아이를 달래는 이상적인 방법입니다. 따뜻한 눈길, 다정한 말, 친절한 몸짓 말이죠. 기분이 좋아지면 몸에서 옥시토신이 나옵니다. 여러분이 이 상태라면 아이의 몸에서도 옥시토신이 나오게 됩니다. 앞서 살펴본 내용이죠. 결국 선순환이 이루어집니다. 여러분이 공감하는 부모가 될수록 몸에서 옥시토신이 나옵니다. 그러면 여러분은 마음이 편하고 행복하며 자신 있는 상태가 됩니다. 아이를 기르기에 이상적인 부모가 되는 것이죠. 반대로 여러분이 화를 내거나 스트레스를 받으면 몸에서 코르티솔 호르몬이 나옵니다. 이 상태에서 아이를 대하면 아이의 몸에서도 코르티솔이 나옵니다.

3단계 아이가 자신의 감정을 표현하도록 도와주세요.

"네 마음에서 어떤 일이 일어나고 있는지 말해 줄래? 무엇이 느껴지니?" 아이가 제대로 대답을 못 한다면 다양한 감정에 이름을 붙여 알려 주세요. 그러면 아이가 자신의 마음을 표현하는 데 도움이 됩니다. 아이에게 말을 걸 상황이 아니라면 더 이상 묻지 마세요. 아이를 심문하듯이 몰아붙이면 안 되니까요.

아이가 화가 많이 난 상태라면 화가 가라앉을 때까지 기다리는 것이 좋습니다. 화가 누그러지면 아이가 말을 하거나 어떤 기분인지 들려줄 것입니다.

아이가 몇 살 정도가 되어야 감정의 기복을 보이지 않을까요?

도대체 몇 살부터 아이에게 감정 기복이 나타나지 않느냐는 질문을 자주 받습니다. 어른은 전전두엽이 정상적으로 작동해 감정과 충동을 어느 정도 조절합니다. 하지만 전전두엽이 아직 미숙한 아이는 그렇지 않습니다. 주변 환경에 따라 아이의 전전두엽이 성숙하기까지 몇 년이 걸릴 수도 있고 몇 달밖에 안 걸릴 수도 있습니다. 어른들이 다정한 태도를 보일 때, 그러니까 이해해 주고 기운을 북돋아 줄 때, 비로소 아이의 전전두엽이 제대로 자리를 잡습니다. 여러분이 벌을 주거나 무시하면 아이는 계속 감정 기복에 휩싸여 약 6~7세까지도 울거나 누군가를 때리는 이상 행동을 보일 수 있습니다.

다정한 마음이

발휘하는 힘

다정한 마음과 공감은 부모인 여러분과 여러분의 아이에게 힘이 됩니다. 자신에게 다정하면 다른 사람들과 세상에게도 다정해집니다. 앞서 살펴봤지만 공감에는 힘이 있습니다. 공감하면 우리의 마음이 편해집니다. 그뿐만 아니라 공감하면 우리 자신은 물론 다른 사람들도 더 잘 알 수 있습니다. 공감하면 우리가 원하는 삶을 살아갈 수 있습니다.

부모인 여러분 자신을 대하는 다정한 마음

여러분 자신에게 공감하면서 이런 생각을 해 보세요. '그래, 나는 걱정이 되고 당황하고 화가 난 거야. 내가 감당해야 할 일을 생각하면 이런 기분이 드는 것도 당연해.

이런 감정을 느낄 수 있어.' 그러면 몸에서 스트레스 호르몬이 덜 나오면서 마음이 편해집니다.

그다음에는 여유를 가지고 여러분이 느끼는 감정을 분석해 자세하게 이름을 붙인 후, 왜 이런 감정에 휩싸이는지 이해하려고 노력해 보세요. 그러면 여러분 자신과 여러분이 필요로 하는 것을 알게 됩니다.

예를 들어 볼까요? 여러분의 아이가 네 살이라고 해 보겠습니다. 아이가 잠에서 깨어나자마자 놉니다. 아이는 놀이에 완전히 빠져 옷을 입으려 하지 않습니다. 아이에게 아무리 뭐라고 해도 듣는 것 같지 않습니다. 그러다 보니 아이를 데리고 어린이집에 갈 때 매번 지각입니다. 짜증이 난 여러분은 소리를 지릅니다. 이 소란은 결국 아이의 얼굴이 눈물범벅이 되는 것으로 끝이 납니다. 여러분은 아이에게 화를 내며 하루를 시작합니다. 이때 여러분이 느끼는 감정을 죄책감 없이 그대로 받아들이는 여유를 가져 보세요. '그래, 짜증이 나기는 해. 화도 머리끝까지 나고. 아이가 일어나서 옷을 입고 준비를 해야 내가 서둘러 아이 뒤를 헉헉대며 쫓아가지 않지!' 이 생각을 하면 즉각 여러분의 마음이 누그러집니다. 이어서 아이를 이해해 보려는 마음의 여유가 생깁니다. '그래, 아직 어린 애지. 네 살밖에 안 되었잖아! 쾌활한 아이야. 놀다 보니 시간 개념이 없는 거지.'

실제로 자녀가 아직 아이라는 것을 받아들이는 것은 여러분입니다. 여러분이 아이의 입장에서 이해해야 합니다. 이해한다는 뜻으로 아이에게 이렇게 말해 보면 어떨까요? "노는 게 재미있구나. 이해해. 그런데 말이야, 어린이집 갈 시간이야. 너 어린이집에 가서 친구들과 선생님 만나는 것도 좋아하잖아, 안 그래? 자, 어린이집 가자."

아이를 대하는 다정한 마음

인간은 다정한 마음에 힘입어 점차 성장합니다

앞서 살펴봤지만 여러분이 공감해 주면 아이의 두뇌가 전반적으로 성장합니다. 지적으로도, 정서적으로도 성장하는 것이죠.

- 두뇌가 지적으로 성장하면 지적 능력, 사고 능력, 창의력, 학습 능력, 기억력이 좋아집니다.

• 두뇌가 정서적으로 성장하면 감정 표현 능력과 사교성이 발달합니다. 아이가 자신의 감정을 편안히 받아들이게 됩니다. 그러면 아이는 자신뿐 아니라 다른 사람들도 이해하고 그들과 만족스러운 관계를 맺고 갈등을 현명하게 해결하는 사람으로 자랍니다.

부모의 다정한 마음이 아이를 강인하게 만듭니다

아이를 마냥 다정하게 대하며 기른다면 이다음에 아이가 거친 세상을 헤쳐 나가지 못할까 봐 걱정이 되시나요? 어쩌면 이런 생각을 하실지도 모르겠습니다. "아이를 오냐오냐 기르면 아이가 자신을 보호할 줄도 모르는 약한 사람이 될 거야. 아이에게 어려움에 맞서는 법을 가르쳐 줘야 해. 그렇지 않으면 아이가 냉혹한 사람들에게 먹힐 테니까."

그러나 오히려 그 반대입니다. 다정한 마음과 공감이 아이와 청소년을 강하게 만들어 줍니다. 아이와 청소년은 다정한 마음과 공감에 힘입어 자신이 누구인지, 무엇을 원하는지 점차 알아 갈 수 있습니다. 이런 아이와 청소년은 정말로 자신에게 필요한 것이 무엇인지 알기에 민을 수 없고 의심되는 현실을 인정하며 가던 길을 향해 다시 나아갑니다. 인간관계를 맺을 때는 상대방의 말을 듣고 이해할 줄 알며 상대방을 모욕하지 않고도 다른 의견을 이야기할 수 있게 됩니다. 진정한 애정 관계에 깃든 귀한 가치를 아는 것이죠.

부모의 다정한 마음이 아이의 독립심을 키웁니다

다정한 부모의 손에서 자란 아이는 독립적이고 세상을 발견하고 싶어 합니다. 여러분의 공감 속에서 자란 아이는 마음이 안정되기 때문에 세상을 탐험하고 싶다는 생각을 할 것입니다. 아이가 "나 혼자."라고 말하는 순간, 독립적으로 하고 싶다는 마음을 읽을 수 있습니다. 독립심은 강력한 본능과 마찬가지로 생후 1년부터도 나타날 수 있으며 중요한 단계입니다. 예를 들어 아이는 몸짓이 아직 서툴러도 혼자 숟가락으로 먹고 싶어 합니다. 이 순간, 아이가 혼자서 해 보고 싶은 것을 하게 내버려 두세요. 아이를 믿으세요. 물론 실패할 수도 있습니다. 하지만 상관없습니다. 실수해도 아이가 배울 수 있기에 그것만으로도 도움이 됩니다. 아이가 혼자서 해내려면 인내심도 많이 필요합니다. 아무리 여러분이 인내심에 한계를 느껴도 아이 대신 해 주지 마세요. 여러분의 마음속에 이런 속삭임이 들릴 때가 많을 것입니다. '내가 아이에게 신발을 신겨 주면 얼마 안 걸릴 텐데!' 아이가 혼자서 하도록 힘을 불어넣어 주세요. 아이에게 빨리 하라고 재촉하지 않으면 아이는 점차 자신의 속도대로 합니다. 아무리 서툴러도 아이는 반바지를 혼자 입고 혼자서 세수하고 혼자서 식기세척기를 비우고 혼자서 컵에 음료를 따라 마시고 혼자서 음식을 덜어 먹고 혼자서 요리하고 청소하고 정원을 돌보고 싶어 합니다. 얼마나 기특한가요! 아이는 성장하고 싶어 합니다. 그만큼 자신감이 있는 것이죠.

'아이에게 빨리 하라고 재촉하지 않는다.'라고 말씀드렸습니다. 여러분과 마찬가지로 아이도 이유 없이 그날그날에 따라 어떤 일이 잘 될 때도 있고 안 될 때도 있습니다. 어떤 날은 어른처럼 의젓하게 행동하다가 어떤 날은 아기처럼 행동할 때도 있습니다. 우선 아이는 여러분의 애정, 이해, 도움을 필요로 할 것입니다. 지극히 정상입니다. 아이에게 세상은 너무나 넓어서 배우고 이해해야 할 것이 아주 많습니다.

여러분이 아이를 믿고 이렇게 말해 주세요. "자, 해 봐. 널 믿어. 할 수 있어. 잘하지 못해도 괜찮아. 다시 해 보면 되니까." 그러면 아이는 자신의 능력을 믿으면서 더욱 발전합니다.

아이에게 공간과 자유를 주면서 사랑을 베푸세요

사랑은 가둬 두고 지배하고 억누르는 소유가 아닙니다. 오히려 그 반대입니다. 사랑은 날개를 달고 날아갈 자유, 에너지의 자유, 행복의 자유를 주는 일입니다.

아이를 품 안에만 감싸며 세상의 풍요로움과 아름다움을 알고 싶어 하는 아이의 욕망을 억누르면 아이는 외부 세상과 다른 사람들을 두려워합니다. 결국 자기 안으로만 들어갑니다. 아이가 능력을 제대로 펼치지 못하고 자유롭게 날지 못하면 삶의 기쁨과 발견하는 기쁨도 줄어듭니다. 아마도 아이에 대해 이런저런 걱정이 많을 것입니다. '아이가 잘못되면 어쩌지?', '위험에 노출되면 어쩌지?' 하는 생각에 두려울 것입니다. 당연하죠. 여러분은 아이가 태어났을 때부터 지금까지 최선을 다해 지켜 주셨으니까요.

하지만 아이를 믿어 보세요! 아이가 여러분에게 끊임없이 통제되고 감시를 받고 자유로운 공간을 누리지 못하면 자신감을 완전히 잃을 수 있습니다. '나는 할 줄 아는 것이 하나도 없어. 언제나 나 대신 다른 사람들이 결정하니까.' 결국 아이는 불안감, 슬픔, 낙심, 공격성 사이를 오가며 방황합니다.

아이를 행복하게 해 주고 싶다면 아이의 친구들을 집으로 초대하세요. 그리고 마찬가지로 아이를 믿으세요. 아이가 친구들과 원하는 대로 웃고 놀게 놔두세요. 다정한 눈길로 지켜보되 간섭하지 않는 것이 좋습니다.

여러분의 아이도 자유로운 공간과 의무적인 활동을 하지 않아도 되는 자신만의 시간을 필요로 합니다. 이렇게 자유로운 공간과 시간은 아이에게 너무나 소중합니다. 아이는 자유의 순간을 누리며 자신만의 장점을 만들고 상상력과 창의력을 키웁니다.

어떤 아이들은 하루하루를 숨 막히게 살아갑니다. 학교 수업이 끝나고 오후에, 수요일마다, 토요일마다 이런저런 활동으로 시간을 빡빡하게 보냅니다. 어른들도 이

렇게 빡빡한 스케줄을 군말 없이 따르지는 않잖아요! 아
이들 역시 스케줄이 빡빡하면 스트레스 받고 피곤하고
짜증이 나고 불안합니다. 스스로 시간을 보내는 것에 익
숙하지 않은 아이들은 이거 하라 저거 하라 지시하는 어
른 없이 혼자 있으면 당황해 하고 시간을 어떻게 보낼지
몰라 지루해 합니다.

지속적이고 섬세한 균형

교육은 복잡하고 섬세한 과정입니다. 교육은 지금 이
순간 아이가 필요로 하는 것에 끝없이 맞추어 가되 균형
을 찾는 과정입니다. 아이가 애정, 위로, 용기를 필요로
할 때 여러분이 곁에 있습니다. 하지만 아이가 탐구와 탐
험을 하고 싶어 하고 자유를 필요로 하는 것 같다는 생각
이 들면 아이를 그대로 놔두어 보세요. 그러면 아이가 알
아서 이런저런 실험도 해 보고 배우고 실수도 하고 어려
움에도 부딪쳐 보면서 다시 시작할 힘을 얻을 것입니다.
부모로서 여러분은 과연 아이에게 가장 좋은 것이 무엇
일까 고민하며 머뭇거릴 수도, 의심할 수도 있습니다. 그

러면 아이에게 이렇게 물어보세요. "넌 어떻게 생각하니? 너는 무엇을 원하니? 너도 그렇게 생각하니?"

아이를 방치해 기르자는 것이 아니에요!

다정한 부모가 되고 싶다면 아이의 감정, 아이가 원하는 것에 관심을 기울이세요. 그리고 아이를 벌주거나 때리거나 아이에게 모욕을 주지 마세요. 그렇다고 해서 아이를 방치하고 신경 쓰지 않는 부모가 되라는 뜻은 아닙니다! 예, 절대 아닙니다! 부모인 여러분은 아이에게 큰 영향을 끼치는 모델입니다. 여러분은 잘 못 느끼겠지만 일상에서 아이는 여러분을 관찰하고 모방합니다. 아이는 여러분이 하는 일, 여러분의 표정과 몸짓에 영향을 받습니다. 모방을 통한 학습은 꼭 필요한 과정이죠.

부모인 여러분은 아이를 이끌고 길러 주는 고귀한 존재입니다. 그러니까 여러분은 아이를 성장시켜 주는 존재인 셈이죠. 여러분은 행동 하나로도 아이에게 여러분의 가치를 전합니다. 아이에게 지표와 틀을 전하는 존재죠. 다정한 부모라면 공감, 따뜻한 마음으로 아이에게 이를 전하되, 아이를 모욕하지 않습니다. 다정한 부모는 부드러운 단호함은 보여도 아이를 겁주지 않습니다. 그러니까 아이에게 눈을 부릅뜨거나 큰 목소리를 내지 않죠.

아이가 부적절한 행동을 할 때는 "안 돼."라고 말해 줄 수 있어야 하고 왜 반대하는지 짧은 문장으로 표현하면 좋습니다. "그건 별로 안 좋은 것 같은데.", "네 말을 들어 보니 엄마(아빠)는 생각이 다른데.", "네가 하는 행동은 좋지 않은데." 아이들은 나이와 관계없이 장황하게 긴 말은 듣지 않습니다.

그리고 이것이 중요합니다. 아이를 믿어 주며 이렇게 말해 주세요. "좀 더 크면 다르게 할 수 있을 거야. 널 믿어."

아이를 비난하거나 인신공격을 하며 혼내지 마세요. "너 못됐구나!", "네가 무엇을 알겠니?", "넌 게으름뱅이에 너밖에 몰라." 이런 말을 들으면 아이는 자신감을 잃어 주눅이 듭니다. 그러면 아이가 올바르게 성장하지 못하죠.

평범하게 이루어지는

교육이라는 이름의 폭력

수천 년 전부터 전 세계의 아이들은 교육이라는 이름
으로 신체적 혹은 언어적 폭력을 당하고 있습니다. 아이
는 한 살 때부터 이런 폭력에 시달립니다. 어른들은 아이
들을 교육하려면 이런 폭력이 필요하다고 생각합니다.
그래서 '교육이라는 이름의 폭력'이라고 하죠. 교육 과정
에서 일어나는 폭력은 일상에서 당연시되기에 '일상적인
폭력'이라고 할 수 있습니다.

　　교육이라는 이름의 폭력은 어떻게 나타날까요?

　　교육 과정에서 일어나는 폭력 중에서 흔한 것은 아이
들의 기를 죽이고 아이들에게 창피함과 상처를 주는 말
("너 못됐구나.", "너 멍청하구나.", "제대로 하는 것이 없네."),

윽박지르는 말과 협박, 빈정거림, 아이에게 죄책감 심어주기, 거친 행동입니다. 어른들은 아이들을 밀거나 잡아당기거나 흔들거나 뺨이나 엉덩이를 때립니다. 아이들을 벌주거나 겁주거나 소리를 지르거나 눈을 크게 떠 부라리죠.

엄한 교육을 받고 자란 어른이
아이를 엄하게 교육시킵니다

대부분의 어른들은 어린 시절 교육을 받을 때 벌을 받기도 하고 혼나기도 하고 상을 받기도 했습니다. 어릴 때 이렇게 교육받고 자란 어른들은 그 방법 그대로 아이들을 교육합니다. 어른들은 자신이 받고 자란 교육 방식에 대해 생각해 본 적이 없습니다. 부모님을 원망하고 싶은 마음도 없었으며 그렇게 할 수도 없이 컸습니다. 자신의 어린 시절을 되돌아보며 부모님을 비판하고 원망하는 일이 괴로울 수 있으니까요.

많은 사람들이 엄한 교육 방식에
장점이 있다고 생각합니다

어른들은 엄하게 교육하는 것이 잘 하는 것이라 생각
하며 폭력을 사용합니다. 물론 어른들은 아이들을 사랑
합니다. 폭력적인 방법 말고는 아이가 올바른 사람이 되
도록 하는 다른 방법을 알지 못하기 때문에 교육이라는
이름으로 폭력을 어느 정도 사용하는 것이 맞다고 생각
할 뿐입니다. 어른들은 폭력적인 교육 방법을 써야 아이
가 올바르게 성장하고 행동하고 배운다고 확신합니다.
강제로 시키거나 체벌하지 않고 '올바르게 교육하는 방
법'이 무엇인지 모르는 어른들이 많습니다.

"너 잘되라고 때리는 거야!" 체벌하는 어른을 보면서
아이는 윤리관에 혼란이 옵니다. 이런 생각을 하는 거죠.
'잘되라고 고통을 줄 수도 있구나.' 어른이 아이에게 모순
된 행동을 하고 있는 셈이죠! '엄마는 날 때릴 수 있지만
나는 때리면 안 된대. 더구나 엄마는 나 잘되라고 때리는
거래. 그런데 때리는 것이 나에게 좋은 것 같지는 않아.
뭐가 뭔지 모르겠어.'

어른들은 교육이라는 이름의 폭력이
얼마나 나쁜 영향을 끼치는지 모릅니다

많은 어른들이 어릴 때 받은 교육 방식을 아이들에게 그대로 적용합니다. 폭력적인 교육 방식이 아이에게 끼치는 영향을 제대로 모르는 채 말이죠. 이러한 어른들은 교육 과정에서 사용되는 폭력을 이미 받아들였습니다. 교육이라는 이름의 폭력을 비판하면 주변의 반응도 별로이기 때문입니다. "별로 중요한 문제가 아니잖아요. 그보다는 실업, 위기, 빈곤 같은 중요한 문제에 신경 쓰라고요!" 주변에서 자주 듣는 말입니다.

교육적인 체벌은 별로 관심을 끌지 못하는 주제입니다. 하지만 교육이라고 해도 폭력이 사용되면 아이의 두뇌 발달에 좋지 않은 영향을 끼칩니다. 그 영향을 객관적으로 살펴보려고 합니다. 폭력적인 교육을 받아 생긴 영향은 성인이 되어서도 계속 남아 아이의 생활 방식, 인간관계, 주체적인 삶을 사는 방식에 장애를 일으킵니다.

창피를 당하면 아이의 두뇌는
제대로 발달하지 못합니다

이제는 잘 아시겠지만 상처가 되고 기를 죽이는 말, 체벌, 윽박지르기, 따돌림은 물론 떼밀기, 머리 잡아당기기, 귀 잡아끌기, 따귀 때리기 같은 거친 행동은 아이 두뇌의 많은 부분에 문제를 일으킵니다. 그 결과 아이에게 여러 행동 장애가 나타납니다. 공격적인 성격, 불안감, 우울증이 나타나고, 시간이 흘러 범죄를 저지를 수 있고 술이나 마약에 중독되고 자살을 하기도 합니다. 폭력적인 교육 방식이 얼마나 심각한 문제를 일으키는지는 여러 연구에서도 밝혀지고 있습니다.

교육이라는 이름의 폭력은
사회 폭력을 일으키는 원인 중 하나입니다

다시 말하면, 모욕이나 체벌을 당하지 않고 공감과 애정을 받으며 자란 아이는 폭력적인 어른이 되지 않습니다. 어른은 아이가 따라하는 모델입니다. 우리가 소리를 꽥 지르면 아이도 소리를 지르고, 우리가 아이를 때리면 아이도 똑같이 누군가를 때리는 것이죠. 모욕을 당하며 자란 아이는 부모에게 반항하지 않고 꾹 참다가, 그동안 받은 모욕을 다른 사람들에게 풀게 됩니다. 형제자매나 같은 반 친구들, 어른이 되어서는 배우자와 자녀들에게 푸는 것이죠.

폭력적인 환경에서 자란 아이는 폭력을 당연하게 여깁니다. 폭력에 시달리는 남자아이는 종종 폭력적인 남편이 되고, 모욕을 당하며 자란 여자아이는 모욕을 당해도 아무 말 하지 못하는 데 익숙해지거나 반대로 다른 사람을 습관적으로 모욕할 수 있습니다. 배우자와 자녀에게 정신적·신체적 폭력, 언어폭력을 가하기도 하고요.

성별과는 상관없이 힘의 관계에 휘둘리지 않는 환경에서 성장한 아이들은 성인이 되어도 상대방을 힘으로 누르지 않고, 복종하지도 않으며 다른 사람들과 평화로운 관계를 맺을 수 있습니다.

폭력은 아이들에게 힘의 관계를 통해 갈등을 해결하도록 가르칩니다. 사랑받고 있으니까 맞고, 사랑하니까 때린다는 생각을 하도록 말이죠. 폭력이 기준이 되어 가정

과 그 밖의 생활에서 폭력을 재생산합니다. 가정 폭력이
사회 범죄의 원인이 되는 것입니다.

매일

조금씩 실천

일상에서 알아 두면 좋을 몇 가지 상황과 조언을 소개
합니다.

잠이 부족한 부모에게

부모가 되면 잠이 중요한 관심사가 됩니다. 여러분도
잠을 잘 자고 싶고 아이도 밤에 잘 자기를 바라시겠죠. 여
러분의 마음이 안정되고 자신감이 있을수록 낮에 아이를
잘 안아 줍니다. 그러면 아이가 밤에 더욱 편하게 잠이 듭
니다. 모든 나이대의 아이가 이렇습니다.

아이가 밤중에 무섭다고 할 수 있습니다. 이런 일은 보
통 아이가 네 살 때까지 자주 일어납니다. 밤에 무섭다고
하는 아이는 부모가 곁에 든든하게 있어 주기를 바랍니

다. 가장 좋은 방법은 부모 중 한 명이 아이의 침대에 누워 안아 주고 재워 주는 것입니다. 혹은 아이의 침대를 여러분 방에 옮기는 방법도 있습니다. 한번 해 보세요. 어떤 방법이 여러분과 아이에게 가장 잘 맞는지 알 수 있습니다.

겁내지 마세요. 나중에 아이가 혼자서 잠을 못 자는 것이 아닐까 미리 걱정하지 마세요. 잠잘 때 유독 옆에서 누가 재워 주기를 바라는 아이들이 있는데, 일시적인 현상입니다.

아이는 혼자 자게 해야 한다고 생각하는 사람들이 많습니다. "안 그러면 아이 버릇이 나빠져요. 변덕스러운 성격이 된다니까요." 이런 사람들이 흔히 주장하는 말입니다. 일상에서 많이 듣는 말이죠. 하지만 아이의 발달 과정에 대해 뭘 모르고 하는 소리입니다. 물론 며칠 동안 아이가 울어도 무시하고, 아이가 잘 때 옆에 있어 달라고 해도 무시하면 아이가 지레 포기해 혼자서 잠을 잘 것이고 더 이상 귀찮게 칭얼대지 않을 것입니다. 부모인 여러분도 편해질 것이고요. 그런데 이는 아이의 발달에 별로 좋지 않습니다. 불안하게 잠이 드는 아이는 걱정이 많은 성격이 될 수 있거든요.

아이마다 잠을 자는 습관이 다릅니다. 수면 리듬도 다르고 수면 시간도 다르죠. 따라서 아이의 수면 습관을 맞춰 주는 것이 제일 좋습니다. 일찍 자고 일찍 일어나는 아이들이 있는가 하면 늦게 자고 늦게 일어나는 아이들이 있습니다. 수면 양도 아이들마다 다릅니다. 오래 자야 개운한 아이들이 있고 별로 잠을 많이 자지 않아도 괜찮은 아이들이 있습니다. 어릴 때부터 사람은 자신만의 생체 리듬에 맞춰 생활하는 것이 좋습니다.

즐거운 식사 시간을 위해

식사 문제로 아이를 다그치지 않는 것이 좋습니다. 다 같이 행복하게 식사하도록 하세요. 여러분의 마음이 평온하고 자신감이 있을수록 식사 시간도 즐거워집니다.

여러분의 아이도 이 세상에 하나밖에 없는 존재이기에 자신만의 취향과 입맛이 있습니다. 따라서 아이의 식사 습관에 대해서는 융통성이 많이 필요합니다. 아이가 배고프지 않다고 하거나 이런저런 음식이 싫다고 하면 억지로 강요하지 마세요. 그러면 아이가 음식에 대해 부정적인 태도를 가지게 됩니다. 다시 한번 말씀드리지만 아이를 이해해 주는 태도가 꼭 필요합니다.

아직 어린아이라면 한창 자주 움직일 나이라서 식탁에 오래 앉아 있는 것이 고역일 것입니다.

아이는 에너지를 많이 씁니다. 아이는 딱히 음식에 제한을 두지 않아서 자주 먹고 싶어 할 수 있습니다. 아이는 배가 고프면 혈당이 낮아지고 감정이 불안해져서 투덜이가 되고 툭하면 반대하고 빈둥거립니다. 이때는 아이에게 먹을 것을 주세요. 배가 고프면 충분히 먹고 자연스런 생체 리듬대로 생활하는 아이들 중에 비만아가 되는 경우는 보지 못했습니다. 아이는 더 이상 배가 고프지 않으면 그만 먹겠다고 말합니다. 그러니 아이를 믿으세요!

물론 사탕과 과자를 많이 먹으려는 것은 자연스러운 배고픔이 아니라 단 것을 먹는 즐거움에 해당됩니다. 이때는 아이에게 안 된다고 해야 합니다. 당연히 아이는 화를 내겠지만 별수 없습니다!

아이들끼리 하는 싸움

다시 한번 말씀드리지만 아이에게 공감하고 아이의 입장에서 생각해 보려고 하세요. 여러분도 잘 아시겠지만 인간관계는 복잡하고 어려울 때가 많습니다. 감정이 풍부하고 인간관계에 능한 사람은 자신의 감정을 잘 알고 표현하며 만족스러운 관계를 맺습니다. 누군가 이런 능력을 보여 주고 전한다면 아이도 이런 능력을 기를 수 있습니다. 갈등이 일어나면 아이가 어떤 감정을 느끼고 무엇을 원하는지 표현할 수 있게 도와주세요. 그다음에 아이가 다른 사람의 감정과 원하는 것을 이해할 수 있게 도와주세요. 자라나는 아이에게 갈등이 생길 때 어떻게 해결해야 하는지 가르쳐 주세요. 예를 들어 이렇게 말해 주세요. "그래, 그러면 안 돼! 이 싸움을 끝내려면 어떻게 해야 할까?"

아이가 형제자매, 혹은 친구들과 싸우면 여러분은 화가 날 것입니다. 예를 들어 보죠. 여러분의 두세 살 된 아이가 형이 가지고 노는 장난감을 탐낸다고 해 봅시다. 아이가 형의 손에서 장난감을 빼앗습니다. 아이이기에 그럴 수는 있습니다. 아이들은 모방하면서 배웁니다. 따라서 여러분의 작은아이도 형처럼 하고 싶어 합니다. 그래서 형의 장난감을 탐내는 것이죠? 이럴 때 어떻게 해야 할까요? 할 수 있다면 같은 장난감들을 두 개씩 놓아두세요. 그러면 형제끼리 같이 놀면서 즐거워 할 것입니다.

장난감

비싼 장난감에 돈을 쓸 필요는 없습니다. 일상의 물건도 얼마든지 장난감이 될 수 있으니까요. 욕실의 대야, 냄비, 숟가락, 종이 상자로도 놀 수 있습니다. 그림을 그리고 노래를 부르며 놀 수도 있습니다.

이보다 더 간단한 놀이 방법이 있습니다. 아이와 함께하는 산책이죠. 아이는 공간을 필요로 합니다. 돌멩이, 잎사귀, 조개껍질 등을 같이 주워 보세요. 여러분 곁에서 아이는 아주 즐겁게 세상을 발견합니다.

아이의 친구들을 집으로 초대하세요. 아이에게 이보다 신나는 일은 없죠.

여러분이 이야기책을 읽어 주는 시간도 아이에게는 대

단한 즐거움이 될 것입니다. 여러분이 다양한 이야기를 읽어 주는 순간이야말로 따뜻함과 교류가 일어나는 귀한 시간입니다. 이야기를 하나 들려주고 아이에게 말을 걸어 보세요. 아이에게 감정을 말해 보라고 해 보세요. 아이 본인의 감정도 좋고 이야기 속 등장인물들의 감정도 좋습니다. 이는 아이의 전반적 언어 발달, 감정 표현, 이해력, 서로 돕는 행동 능력을 기르는 데 도움이 됩니다.

짜증 나고 피곤한 부모에게

아이의 행동이 거슬리면, 우선 여러분의 마음을 그대로 인정하세요. 그다음에는 행동이 마음에 들지 않는다고 아이를 혼내기보다는 아이에게 친구처럼 행동하세요. 그리고 여러분의 느낌, 여러분이 나름 정한 한계를 아이에게 말하되 아이 탓을 하며 죄책감을 심어 주지는 마세요.

이런 식으로 말하면 어떻게 될까요? "생각 없이 행동하니 질렸다. 매번 똑같은 소리하는 것도 지겨워. 피곤해서 못 해 먹겠다! 이런 식으로 하면 산책이고 뭐고 없어." 여러분의 이 말을 들은 아이는 주눅이 들고 죄책감을 느낄 것입니다. 여러분이 원하는 것인가요?

그러면 이런 식으로 말하면 어떻게 될까요? "머리가 어지럽네. 내 방에서 조용히 쉴 거야." 아이는 여러분이 피곤하다고 이해합니다. 자신이 나쁘다는 생각은 안 하죠. 아직 미성숙한 아이니까요. 여러분이 느끼는 감정을 인정하고 스스로 추스르되 아이 탓을 하면 안 됩니다. 아이는 자신이 나쁘다는 소리를 들으면 결국 자신을 그렇게 생각해 정말로 나쁜 아이처럼 행동합니다. 결국 완전히 자신감을 잃는 아이가 되죠.

다시 한번 말씀드리지만 아이를 몰아붙이지 마세요. 완벽한 부모와 완벽한 아이는 세상에 존재하지 않습니다. 아이들도 어른인 우리들처럼 잘하는 것이 있고 못하는 것이 있고 그날그날에 따라 기분이 달라집니다.

우리는 항상 나아질 수 있습니다

반가운 소식이 있습니다. 우리 인간의 두뇌는 변할 수 있다는 것이죠. 두뇌는 우리가 어떤 경험을 하느냐에 따라 매일 달라집니다. 인간은 지적으로든 정서적으로든 성장할 수 있습니다.

　그렇다면 우리는 어떻게 나아질까요? 다른 사람들에게 용기와 믿음을 주면 됩니다. 따라서 우리에게는 믿어주고 용기를 주는 누군가가 필요합니다. "그래, 이런저런 것을 하는 것이 어려울 수는 있어. 하지만 널 믿어. 넌 조금씩 해낼 거야."

끝으로

전하고 싶은 말

이제 아시겠죠? 따뜻하게 공감해 주고, 용기를 북돋아 주는 어른들이 있어야 여러분의 아이가 제대로 성장합니다. 아이가 제대로 성장할 수 있도록 필요한 환경을 만들어 주는 것이야말로 사회 전체가 우선적으로 관심을 가져야 할 일입니다. 아이들이 커서 안정되고 건전한 어른으로 자라기를 바라는 사회라면 말이죠.

우리 사회가 더욱 인간적이기를 바랍니다. 부모가 되는 것이 중요하면서도 어려운 일이라는 사실을 알아주는 사회였으면 좋겠습니다. 부모들은 지원과 도움이 필요합니다. 그뿐만 아니라 어린아이들과 보낼 수 있는 시간이 필요합니다. 어린 시절은 중요합니다. 이 시기에 아이가 부모와 시간을 보내야 사랑을 받으며 건전하게 자랄 수 있습니다.

이런 토대가 마련되면 아이나 어른이나 불안감, 우울증, 공격적인 성향, 범죄, 술과 마약 중독 같은 고통에 빠지지 않을 것입니다. 이런 고통은 근본적으로 잘못된 어린 시절 때문에 비롯된 경우가 많습니다. 아직 사람들은 정말로 필요하고 제대로 된 어린 시절을 보내지 못하고 있습니다.

　다시 한번 말씀드리지만 가정 폭력, 부부 폭력, 사회 폭력은 어린 시절에서 원인을 찾아야 할 때가 많습니다. 창피를 당하지 않고 공감을 받으며 자란 아이는 폭력적인 어른이 되지 않습니다.

　북유럽의 많은 나라들은 어린 시절을 잘 보내는 것이 사회 전체에 얼마나 중요한지 깨달았습니다. 그 결과 북유럽 국가들은 대부분 사회적으로나 경제적으로 안정되어 있습니다. 북유럽 사람들은 대체로 긍정적이고 행복하다고 생각합니다!

　어떻게 이것이 가능할까요? 북유럽 국가들을 보면 육아 휴직 기간이 보통 1년으로 길고 아버지와 어머니 모두에게 해당됩니다. 아이가 정서적으로 안정된 환경에서 자라야 한다는 생각에서 이루어진 정책입니다. 육아 휴직 동안 북유럽의 부모들은 고립되어 있다는 느낌을 받지 않습니다. 필요한 지원과 조언을 얻을 수 있습니다. 그리고 아이들을 데리고 다른 부모들을 만날 수 있는 곳, 육아 전문가들에게 필요한 도움을 받을 수 있는 곳에 갈 수 있습니다. 어린아이를 둔 부모들은 근무 시간을 조정할 수 있어서 아이와 시간을 많이 보낼 수 있습니다.

우리 사회가 어린 시절이 건전한 공동체를 위해 근본적으로 얼마나 중요하게 다뤄져야 하는 시기인지 알았으면 좋겠습니다. 공감을 받으며 자란 아이들은 자신감 있고 적극적이며 창의적인 어른이 됩니다.

아동 전문가들이 부모와 아이들을 제대로 지원할 수 있는 자격을 갖추도록 자신의 감정 표현과 인간관계 능력을 키우는 교육을 받으면 좋겠습니다. 자신의 감정을 잘 다루지 못하는 어른들이라면 아이에게 진정한 인간관계 능력을 키워 줄 수도, 제대로 된 교육을 할 수도 없습니다.

이제까지 과학이 밝힌 모든 놀라운 지식을 합하면 우리의 아이들은 더욱 성숙해지고 어른들은 더욱 행복해지고 우리가 사는 세상은 더 평화롭고 따뜻해질 것입니다.

추신:

자라는 아이에게 필요한 것은

끝으로 제가 여러분 아이의 입장을 대신해 말씀드리겠습니다. 아이들은 자신에게 무엇이 필요한지 본능적으로 알고 있습니다. 아이가 하는 말에 귀를 기울여 주세요. 아이는 여러분이 자신의 말에 귀를 기울여 주기를 원합니다. 그래야 아이는 자신감을 갖고 자랄 수 있고, 아이의 두뇌도 골고루 발달합니다.

여러분이 아이와 함께 읽을 수 있도록 만든 그림책이 있습니다. 아이가 들려주고 싶은 말을 담은 이 그림책의 제목은 『내 마음, 들어 보세요』입니다. 삽화는 이란 출신의 일러스트레이터로 제가 너무나 좋아하는 레자 달반드Reza Dalvand가 맡았습니다.

여기에 그림책 내용을 소개합니다.

내가 말할 때는 귀를 귀울여 주세요.

내 이야기를 들으며 다른 일을 하지 않으면 좋겠어요.

나를 안아 주세요. 내가 안아 달라고 할 때만요.

너무 숨 막히게는 말고요.

나를 보호해 주세요.

하지만 스스로 세상을 발견하라는 응원도 해 주셔야 해요.

내가 아플 때는 곁에 있어 주세요.

그렇다고 "별것 아니야! 울음 뚝 그쳐!"라고 하지는 마세요.

내가 엉뚱한 짓을 하면 잘 타일러 주세요.

"이건 나쁜 짓이야!", "너 참 말을 안 듣는구나!"라며

혼내지 말고요.

나는 화날 때가 있어요. 그럴 때는 나를 잘 다독여 주세요.

왜냐하면 혼자서는 쉽지 않으니까요.

추신: 자라는 아이에게 필요한 것은

내가 어떤 기분인지 이야기하고 싶어요.
행복할 때, 슬플 때, 무서울 때도요.

나는 많은 것을 배워야 해요.
혹시 내가 실수해도 나를 놀리지 마세요.

내가 이해하지 못할 때는 설명해 주세요.
귀찮아 하시면 안 돼요.

내게 용기를 북돋아 주세요.
내가 할 수 있는 일을 대신해 주지 않아도 괜찮아요.

나는 내 리듬에 맞춰 자라나고 싶어요.
다른 아이들과 비교하지는 마세요.

나는 친구들을 집에 부르고 싶어요.
나중에 집이 엉망이 되더라도요.

나는 바깥에서 재미있게 놀고 싶어요.
머리부터 발끝까지 더러워져서 집에 돌아오더라도요.

나에게 책을 읽어 주세요.
그런 다음 함께 이야기를 나누면 정말 좋겠어요.

나를 사랑해 주세요.
있는 그대로, 언제까지나.

추신: 자라는 아이에게 필요한 것은

아이가 품 안에 꼭 안겨 있을 때, 여러분은 소중한 행복을 느낍니다. 아이는 부모가 하는 말을 스펀지처럼 흡수하지요. 아마도 이때가 아이의 욕구를 구체적으로 알 수 있는 순간일 겁니다.

아이에게 이렇게 물어보세요. "내가 네 이야기를 잘 들어 주는 것 같아? 껴안아 주는 게 좋아? 충분히 응원받고 있다고 느끼니? 널 믿는다는 걸 알지? 네가 화를 내거나 내가 화를 낼 때는 어떤 마음이 들어?" 아이에게 이런 질문도 해 보세요. "뭐가 필요하니? 나와 무슨 이야기를 나누고 싶어?"

아이가 여러분의 질문에 대답하지 않을 수도 있습니다. 그렇다고 대답을 재촉하지는 마세요. 아이는 자신이 원할 때 대답할 테니까요. 여러분이 시간을 내어 아이가 어떤 마음이고, 무엇을 원하는지 물어보았다는 것만으로도 이미 충분합니다. 아이는 여러분이 자기에게, 그리고 자기의 감정과 욕구에 진심으로 관심이 있다는 것을 알게 되었으니까요. 그것만으로도 아이는 마음이 편해지고 자신이 신뢰받고 있다고 느낍니다.

처음 부모

초판 1쇄 발행·2022년 3월 11일

지은이·카트린 게겐
옮긴이·이주영
펴낸이·강일우
편집·소인정, 박민영
조판·김선미
펴낸곳·(주)창비교육
등록·2014년 6월 20일 제2014-000183호
주소·04004 서울특별시 마포구 월드컵로12길 7
전화·1833-7247
팩스·영업 070-4838-4938 | 편집 02-6949-0953
홈페이지·www.changbiedu.com
전자우편·textbook@changbi.com